Fahrzeuglackierer

Arbeitsblätter

Herausgeber:

Andreas Grümmer

Autoren:

Stefanie Andrees

Martin Heumer

Andreas Grümmer

Christin Schmidt

Natalie Scholz

Handwerk und Technik – Hamburg

Bildquellenverzeichnis

Autoren und Verlag danken den genannten Firmen, Institutionen und Privatpersonen für die Abdruckgenehmigung und Vorlagen der hier aufgeführten Bilder

Achtung:
Alle Bilder sind urheberrechtlich geschützt, d. h., sie sind Eigentum der jeweiligen Firma, Institution bzw. Privatperson und dürfen nur **mit deren Genehmigung** verwendet werden.

Adolf Würth GmbH & Co. KG, Künzelsau-Gaisbach: Bilder 214.1, 214.2, 214.3
AHB – GmbH, Monheim: S. 202.1
Stefanie Andrees, Görlitz: Bild 49.1
Atelier Ingo Körner: Bild 227.3
BAUHAUS AG, Mannheim: Bild 10.3
Berner Trading Holding GmbH: Bild 203.1
BÜMAG eG, Schönheide/Erzgebirge: Bild 208.1
Chrom Design GmbH, Troisdorf-Spich: Bild 191.1
Daimler AG, Stuttgart: Bilder 5.1, 13.1, 59.1, 59.2, 60.1, 102.1, 102.2, 242.1, 243.1, 244.1
Dataplot GmbH, Henstedt-Ulzburg: Bild 156.1
Fahrzeug- und Karosseriebau Parkentin GmbH, Parkentin: Bild 60.2
Forwerk GmbH, Forst (Lausitz): Bild 156.2
Andreas Grümmer, Naunhof: Bilder 69.2, 71.1, 79.1, 87.3, 87.4, 92.1, 93.1, 94.1, 95.1, 96.1, 113.1, 19.1, 201.1, 201.2, 201.3
HP Deutschland GmbH, Böblingen: Bilder 227.1, 227.2
insidePerformance, Einhausen: Bild 191.7
kolibri®-Künstlerpinselfabrik Feurer & Sohn Gm b H: Bild 193.4
Korbach Werkzeug Co. GmbH & Co. KG Pajarito-Werkzeugfabrik, Mettmann: Bild 156.3
Kuraner & Kuraner GbR, Weil der Stadt www.lackdepot24.de: Bild 45.3
Gerd Lausen, Jevenstedt: S. 169.1
LECHLER COATINGS GmbH, Kassel: Bild 141.3
Ludwig Lotz GmbH, Frankfurt: Bild 61.1
MAN Truck & Bus: Bild 223.1
MARTOR KG, Solingen: Bild 156.5
Melkus Motorsport, Dresden: Bild 46.1
PICARD GmbH, Wuppertal: Bild 10.4
Tobias Salg – 123Lack GmbH: Bild 45.4
SATA GmbH & Co. KG, Kornwestheim: Bilder 42.1, 43.1, 43.2, 43.3, 175.1, 193.1, 193.2, 193.3,
Christin Schmidt, Dresden: Bild 239.1
Shutterstock Images LLC, New York, USA: Bilder 10.2©Ramona Heim, 191.8©Grzegorz Czapski, 195.1©Biru Muda, 208.2©Timo Kohlbacher, 208.3©terekhov igor
Standox GmbH, Wuppertal: Bilder 141.1, 141.2, 141.4, 142.1, 191.2, 191.3, 191.4, 191.5, 191.6
Stefan Uhl, Hamburg: Bilder 166.1, 166.2, 166.3
Vosschemie/Carsystem, Ütersen: Bilder 45.1, 45.2
Christian Wodetzki, Essen: Bild 10.1
WT-Direct GmbH, Plüderhausen: Bild 227.4

ISBN 978-3-582- 31785-8 Best.-Nr. 31785

Verlag Handwerk und Technik GmbH,
Lademannbogen 135, 22339 Hamburg; Postfach 63 05 00, 22331 Hamburg – 2019
E-Mail: info@handwerk-technik.de – Internet: www.handwerk-technik.de

Satz und Layout: Da-TeX Gerd Blumenstein, Leipzig
Umschlagmotiv: SATA GmbH & Co. KG
Illustrationen: Grafische Produktion Neumann, Rimpar
Druck: Elbe Druckerei Wittenberg GmbH, 06896 Lutherstadt Wittenberg

Inhaltsverzeichnis

Lernfeld 1: Metallische Untergründe bearbeiten

1.1 Metallkunde – allgemeine Eigenschaften von Metallen

Arbeiten Sie mit dem Lehrbuch „Fahrzeuglackierer“ vom Verlag Handwerk und Technik, Kap. 1.1.

1. Ergänzen Sie folgende ***Definition***:
   Metalle sind (vor allem in der und Hauptgruppe des Periodensystems der Elemente (PSE), aber auch in anderen und alle). Sie sind aber auch Gemische der untereinander sowie mit Kohlenstoff, und anderen .

2. Welche Metalle sind **als Werkstoffe ungeeignet** und warum?
   Ungeeignet sind:
   -
     Sie sind ungeeignet, weil
   -
     Sie sind ungeeignet, weil

3. Wenn ***Metalle aus der Schmelze erstarren*** und in den festen Zustand übergehen, bilden sie einen konkreten Zustand. Welchen?

4. ***Teilen Sie*** die Metalle ***ein***, indem Sie folgende Übersicht vervollständigen.

Metalle

....		***Nichteisenmetalle*** →	
.... (C-Gehalt ≤ 2%)	.... (C-Gehalt > 2%)	.... (ϱ > 5,0 kg/dm³)	.... (ϱ ≤ 5,0 kg/dm³)
Beispiel:	**Beispiel:**	**Beispiel:**	**Beispiel:**

5. Wie werden ***Eisenmetalle*** hergestellt?
   Eisenmetalle werden hergestellt als:
   - Roheisen
   - Gusseisenwerkstoffe

Datum:
Name: Vorname: Klasse/Gruppe

6. Nennen Sie die ***Eisenmetalle***, wie sie nach dem Kohlenstoffgehalt ***untergliedert*** sind.

Eisenmetalle	Kohlenstoffgehalt in %
	< 2,06
	2,06 … 6,67

7. Nennen Sie die ***Legierungselemente*** in legierten Stählen. Welche Funktion haben sie?

Legierungs-element	Symbol	Funktion
Chrom		

8. Nutzen Sie folgende Tabelle und ***unterteilen*** Sie die ***Stähle***.

Stahlklasse	Hauptgüteklasse	Eigenschaften
unlegierte Stähle	unlegierte Qualitätsstähle	festgelegte Anforderungen wie Zähigkeit und Umformbarkeit
legierte Stähle	legierte Qualitätsstähle	festgelegte Anforderungen wie Zähigkeit, Umformbarkeit, nicht zum Vergüten oder Oberflächenhärten vorgesehen

Datum:
Name: Vorname: Klasse/Gruppe

9. Nennen Sie die ***Eisen-Gusswerkstoffe***.
   - Gusseisen mit Kugelgrafit
   -
   -
   -
   -
   -

10. ***Beschreiben*** Sie das ***Gusseisen mit Kugelgrafit***.
    Gusseisen mit Kugelgrafit

11. Wie unterscheiden sich ***Gusseisen*** und ***Stahl***?
    - Gusseiserne Werkstoffe
    - Stähle

12. Beschreiben Sie ***vier Nichteisenmetalle*** in ihren Eigenschaften näher.

Nichteisen-metalle	**Beschreibung**
Aluminium	

Datum:
Name: Vorname: Klasse/Gruppe

1.2 Metallische Werkstoffe – konkret bezogen auf den Fahrzeugbau

Arbeiten Sie mit dem Tabellenbuch „Farbe – Raum (Tabellen und Fakten)" vom Verlag Handwerk und Technik, Kap. „Metalluntergründe".

1. Erkennen Sie an diesem Fahrzeug ***Eisenmetalle und Nichteisenmetalle***?

Bauteile aus Eisenmetall	Bauteile aus Nichteisenmetall
• Türen	• Antenne
•	•
•	•
•	•
•	•
•	•
•	•
•	•
•	

2. Nennen Sie ***acht Fahrzeugbauteile aus Stahl***.

Bauteile aus Stahl für Fahrzeuge sind:
- Fahrgestellrahmen
-
-
-
-
-
-
-

Datum:
Name: Vorname: Klasse/Gruppe

3. Nennen Sie ***acht Fahrzeugbauteile*** aus Aluminium.

Bauteile aus Aluminium sind:

- Getriebegehäuse
-
-
-
-
-
-
-

4. Welche ***Aushärtungsschritte*** für Aluminiumlegierungen sind nötig?

Schritte zum ***Aushärten von Aluminiumlegierungen***:

-
-
-

5. Nennen Sie Eigenschaften und Verwendung von ***Gusseisen*** und ***Edelstahl***.

	Eigenschaften	Verwendung
Gusseisen		
Edelstahl		

6. Woraus bestehen die Legierungen ***Bronze*** und ***Messing***?
Bronze besteht aus und .
Messing besteht aus und .

7. Nennen Sie ***Eigenschaften von Metallen***, die sie für den Karosseriebau so wertvoll machen.

Eigenschaften von Metallen für den Karosseriebau:

-
-
-
-
-
-
-

Datum:
Name: Vorname: Klasse/Gruppe

1.3 Korrosion

Arbeiten Sie mit dem Tabellenbuch „Farbe-Raum – Tabellen und Fakten" vom Verlag Handwerk und Technik, Kap. „Chemische Vorgänge", sowie mit dem Lehrbuch „Fahrzeuglackierer" vom selben Verlag, Kap. 1.2.

1. Definieren Sie den Begriff ***„Korrosion"***.
   Unter Korrosion versteht man einen Veränderungsprozess von Werkstoffen (besonders von), der durch oder Vorgänge, von der ausgehend, hervorgerufen wird (DIN EN ISO 8044).

2. Ordnen Sie folgende ***Begriffe den Zahlen*** zu:
   - elektrochemische Korrosion
   - thermische Korrosion
   - rein chemische Korrosion

   Korrosion kann ausgelöst werden durch:
   (1) Chemikalien (Säuren oder saure Substanzen, Gase, Salze oder Wasser)
   (2) Bildung von galvanischen Lokalelementen auf der Oberfläche oder
   (3) Wärme

3. Wie heißen die Metalle in der ***elektrochemischen Spannungsreihe***, die im Vergleich zu Wasserstoff haben:
   - positive Elektrodenpotenziale (oben oder rechts stehend):
   - negative Elektrodenpotenziale (unten oder links stehend):

4. Ist ***Zink oder Eisen unedler***?
   ist unedler als und wird bei Kontaktkorrosion zersetzt.

5. Welche ***Rostgrade*** unterscheidet man nach ***DIN EN ISO 4628-3*** bei beschichteten Stahlflächen?

Rostgrad	von Rost bedeckte Fläche
Ri 0	0 %, völlig rostfrei
Ri 1	

Datum:
Name: Vorname: Klasse/Gruppe

6. Welches Korrosionsprodukt bildet sich bei der Korrosion von verzinktem Stahl oder reinen Zinkflächen auf der Oberfläche?

Es bildet sich .

7. Welche ***Rostarten*** (Korrosionsarten) unterscheidet man und wodurch zeichnen sie sich aus?

Rostarten	**Merkmale/Kennzeichen**
Flugrost	punktförmige, beginnende Rostbildung auf unbeschichteten Stahloberflächen
starker Flächenrost	

Datum:
Name: Vorname: Klasse/Gruppe

1.4 Entrosten

Arbeiten Sie mit dem Tabellenbuch „Farbe – Raum (Tabellen und Fakten)“ vom Verlag Handwerk und Technik, Kap. „Metalluntergründe“, sowie mit dem Lehrbuch „Fahrzeuglackierer“ vom selben, Kap. 1.2 und Kap. 1.3.3.

1. Welche ***Entrostungsverfahren*** unterscheidet man? Nennen Sie die benötigten Arbeitsmittel.
   Kennzeichnen Sie die ***thermischen Entrostungsverfahren*** mit Textmarker ***rot***, die ***chemischen blau*** und die ***mechanischen grün***. Geben Sie unten die chemische Gleichung für das Flammstrahlen an. Ergänzen Sie die ***Nachteile beim Arbeiten mit der Nadelpistole***.

Entrostungsverfahren	Arbeitsmittel
manuelle Entrostung	• • • • • Nachteil: • •
	• • Nachteil:
	Nadelpistole Nachteile: • • •
	Flammstrahlgerät • geringe Temperatur führt zum Abplatzen des Rostes wegen verschiedener Wärmeausdehnung • Die Flammstrahlgleichung lautet:

Datum:
Name: Vorname: Klasse/Gruppe

2. Um welchen ***Normreinheitsgrad*** nach DIN EN ISO 12 944-4 handelt es sich beim manuellen und maschinellen Entrosten?
Was bedeutet ***Sa 2*** und was erreicht man mit ***Flammstrahlen***?
Füllen Sie die Tabelle aus.

Normreinheitsgrad	Merkmale der Untergrundvorbereitung	Entrostungsverfahren
	lose Beschichtungen und loser Zunder sind entfernt, festhaftende Beschichtungen können entfernt werden; Rost ist soweit entfernt, dass die Metalloberfläche deutlich metallisch glänzt.	manuelles oder maschinelles Entrosten
Sa 2		
		Flammstrahlen

3. Bezeichnen Sie das ***Schleifmittel***bild.

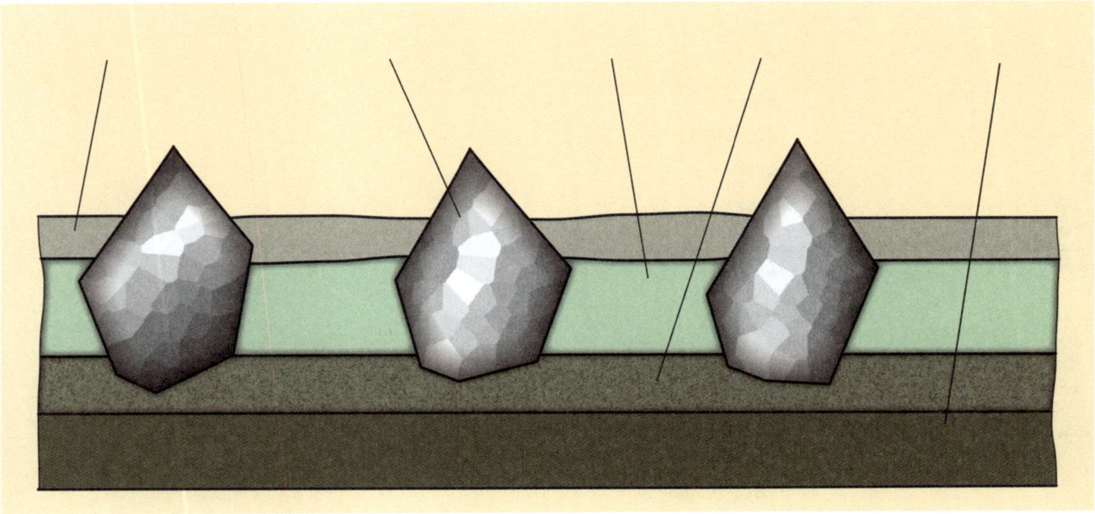

4. Welche ***Trägermaterialien bei Schleifmitteln*** sind üblich? Nennen Sie vier.

Trägermaterialien bei Schleifmittel sind z. B.:

- Papier
-
-
-

5. Wie heißen die abgebildeten ***Entrostungswerkzeuge***?

	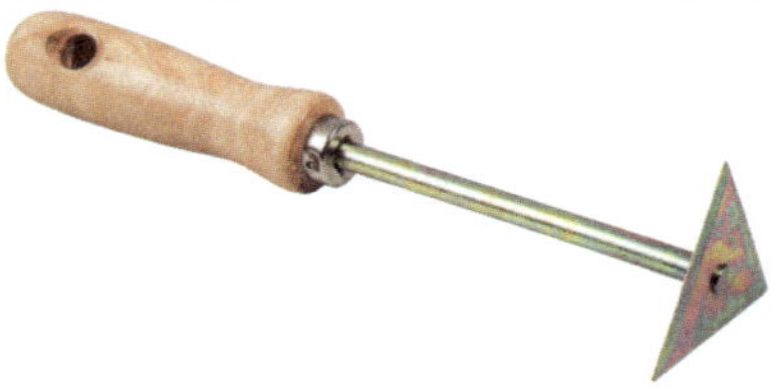	
Drahtbürste		

Datum:
Name: Vorname: Klasse/Gruppe

1.5 Korrosionsschutz

Arbeiten Sie mit dem Tabellenbuch „Farbe – Raum (Tabellen und Fakten)" vom Verlag Handwerk und Technik, Kap. „Chemische Vorgänge", sowie mit dem Lehrbuch „Fahrzeuglackierer" vom selben Verlag, Kap. 1.2.4.

1. Geben Sie eine ***Übersicht über die Korrosionsschutzmaßnahmen*** für Metalle nach ***DIN EN ISO 8044***. Markieren Sie mit blauem Textmarker die aktiven Korrosionsschutz- und mit Rot die passiven Korrosionsschutzmaßnahmen.

Korrosionsschutzmaßnahmen

- geeignete Werkstoffauswahl
- Schutz durch Maßnahmen am Werkstoff
  - Schutzschichten
    - metallische Überzüge z. B.
    - z. B.
    - z. B.
- Schutz durch elektrochemische Maßnahmen
  - kathodischer Schutz

2. Wie kann man ***bewegte Teile*** im Fahrzeug, z. B. Zahnräder und Ketten, vor Korrosion schützen?

3. Was verstehen Sie unter einer Phosphatierung und wie groß ist ihre maximale Schichtdicke?

Unter einer Phosphatierung versteht man:

-

-

Die maximale Schichtdicke beträgt .

Datum:
Name: Vorname: Klasse/Gruppe

4. Beschreiben Sie die ***galvanische Verzinkung*** anhand einer Skizze.

Beschreibung	Skizze
Die Schwefelsäure Wird eine Gleichspannung angelegt,	

5. Was ist der ***Vorteil einer Verchromung*** gegenüber einer Verzinkung und welche ***Funktionen*** hat eine Verchromung?

Der Vorteil einer Verchromung ist, dass

Die Verchromung hat drei Funktionen

-
-
-

Datum:
Name: Vorname: Klasse/Gruppe

1.6 Fahrzeugtür eines Lkws zum Lackieren vorbereiten

Arbeiten Sie mit dem Buch „Fachmathematik für Fahrzeuglackierer" vom Verlag Holland und Josenhans, Kap. 10.5, sowie mit dem Lehrbuch „Fahrzeuglackierer" vom Verlag Handwerk und Technik, Kap. 1.3, Kap. 1.6 und Kap. 1.7.

Der Kundenauftrag lautet:
Eine Ersatzteil-Fahrzeugtür (außen verzinktes Stahlblech, innen voll ausgestattet, verglast) für ein Transportfahrzeug soll für die Lackierung bis zum Füllerauftrag vorbereitet werden.

1. Fertigen Sie eine ***technische Zeichnung*** dieser Fahrzeugtür an mit normgerechter Bemaßung und Anwendung der Normschrift B.
   Verwenden Sie dafür die Rückseite.

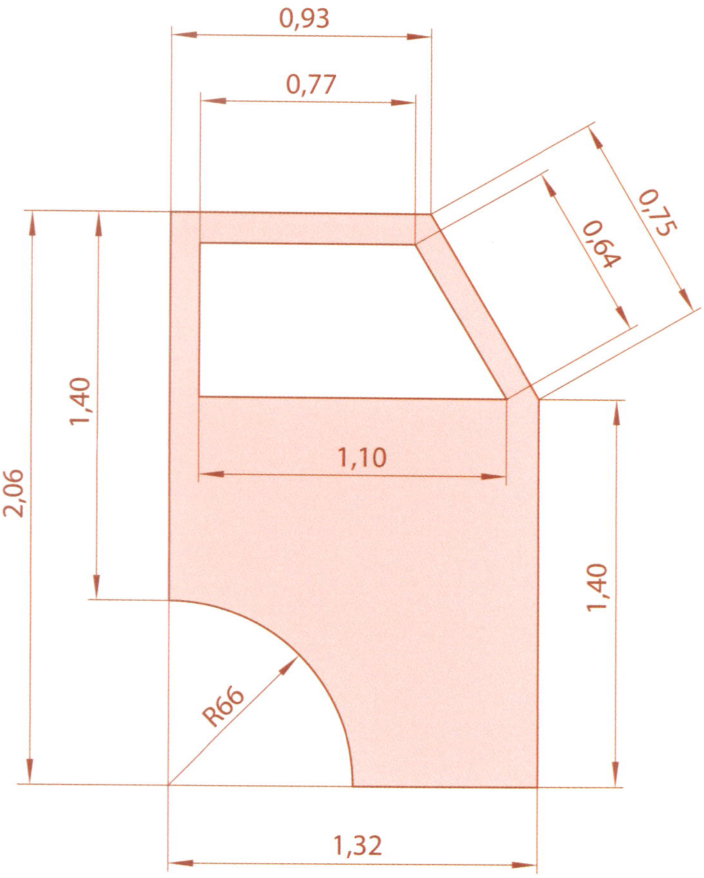

Datum:
Name: Vorname: Klasse/Gruppe

1

Datum:
Name: Vorname: Klasse/Gruppe

2. a) ***Berechnen*** Sie die Beschichtungsfläche.
   b) Wie viele Meter Klebeband werden gebraucht, wenn 5 % Verschnitt anfallen?

Lösung:

a) $A =$

b) $l =$

3. ***Berechnen*** Sie für die Netzmittelwäsche die Mengen der Einzelbestandteile in Liter, wenn Sie einen Mischungsbedarf von $V = 0{,}35$ l haben.
   Verwenden Sie die Rezeptur aus dem Lehrbuch „Fahrzeuglackierer", Seite 11.
   Hinweis: 1 Verschlusskappe = 25 ml

Lösung:

Wir errechnen zuerst den Faktor, der angibt, wie viel mal von jeder Komponente gebraucht wird.

$$\text{Faktor} = \frac{V}{V_{ges}} =$$

NR: Gesamtmenge der Rezeptur $V_{ges} =$

$V_{Wasser} =$

$V_{Ammoniaklösung} =$

$V_{Netzmittel} =$

Datum:
Name: Vorname: Klasse/Gruppe

4. ***Durchdenken Sie alle Arbeitsschritte***, um die Fahrzeugtür zu lackieren. Erarbeiten Sie dann am PC in Word eine ***Tabelle*** nach folgendem Muster:

Nr.	Arbeitsschritt-bezeichnung	Arbeits-mittel	Material	Begründung des Arbeitsschrittes
1	Fahrzeugtür reinigen			
2				
3				
4				
5				
6				
7				
8				
9				

5. Welche ***Arbeitssicherheits- und Umweltschutzmaßnahmen*** sind bei Netzmittelwäschen zu ergreifen und warum?

Maßnahmen	Begründung
Arbeitsschutzhandschuhe tragen	

Datum:
Name: Vorname: Klasse/Gruppe

Lernfeld 2: Nichtmetallische Untergründe bearbeiten

Arbeiten Sie mit dem Lehrbuch „Fahrzeuglackierer“ vom Verlag Handwerk und Technik, Kap. 2.1.

Untergründe sind die Beschichtungs- oder Aufbereitungsflächen aller Fahrzeuglackier-Objekte. Auf sie werden Beschichtungsstoffe aufgetragen. Nennen Sie in dieser Mindmap verschiedene ***nichtmetallische Untergründe***. Unterstreichen Sie saugende Untergründe rot und nicht saugende blau.

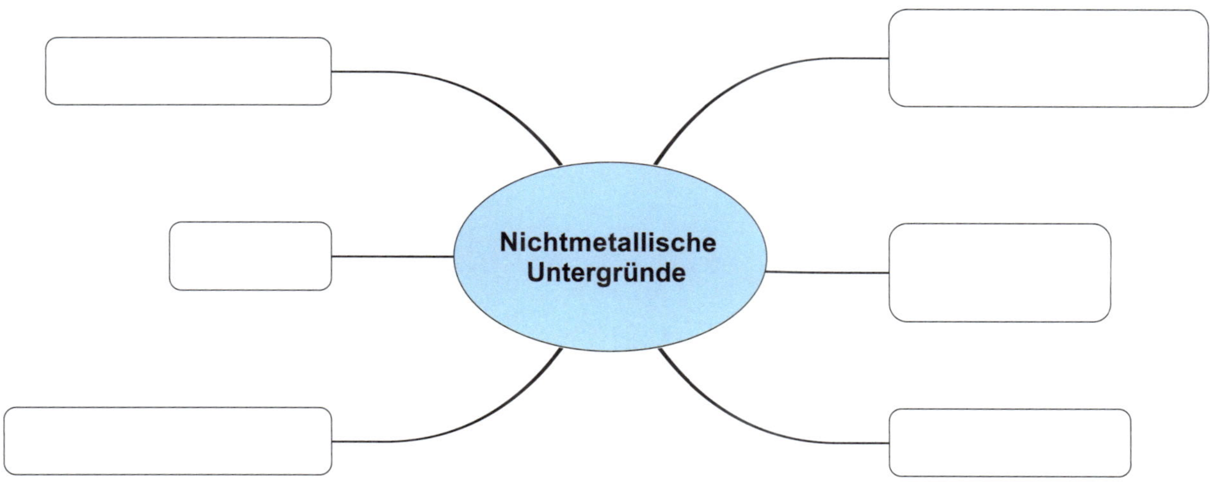

2.1 Holzwerkstoffe

1. Was verstehen Sie unter ***Holz***? Bilden Sie einen ***Definitionssatz*** unter Verwendung der folgenden Begriffe: *Zellulose – nachwachsender Rohstoff – Hemizellulose – aus den verholzten Baumbestandteilen – Lignin – Holzinhaltsstoffe – natürlicher*. Ordnen Sie die Holzbestandteile nach ihrem Anteil fallend.

   Holz ist

2. Holz wird nach ***Baumarten*** in *Nadelholz, Palmholz und Laubholz* und nach der ***Härte*** in *Hartholz, mittelhartes Holz und Weichholz* unterschieden. Nennen Sie zu jeder Gruppe ***drei Beispiele***.
   Unterstreichen Sie maßhaltiges Holz.

Holzart	***Beispiele***
Nadelholz	Kiefer,
Palmholz	Hanfpalme,
Laubholz	
Hartholz	
mittelhartes Holz	
Weichholz	

Datum:
Name: Vorname: Klasse/Gruppe

3. Nennen Sie ***fünf verschiedene Eigenschaften*** von Holz.

Holz

- kann befallen werden von Holzschädlingen
-
-
-
-
- kann durch Nageln, Verschrauben und Kleben verbunden werden

4. Wofür wird Holz verwendet? Geben Sie acht ***Verwendungszwecke*** an.

Holz wird verwendet für:

-
-
-
-
-
-
-

5. Bezeichnen Sie die ***drei Holzschnitte***.

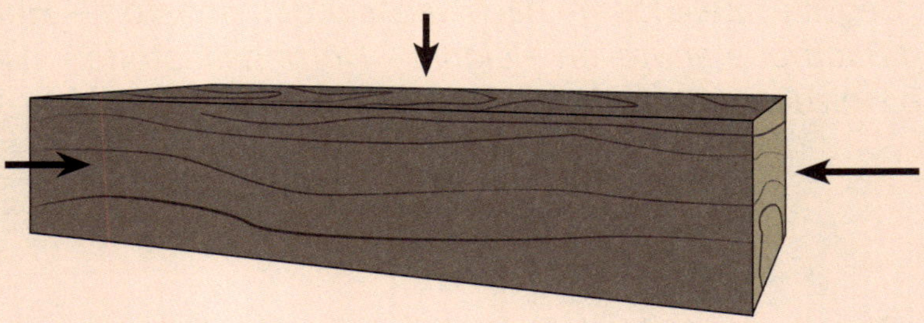

Datum:

Name: Vorname: Klasse/Gruppe

6. Beschriften Sie die ***makroskopischen Holzbestandteile*** und die ***mikroskopischen Holzbestandteile*** innerhalb des vorgegebenen Skizzenfeldes.

makroskopischer Holzaufbau

mikroskopischer Holzaufbau

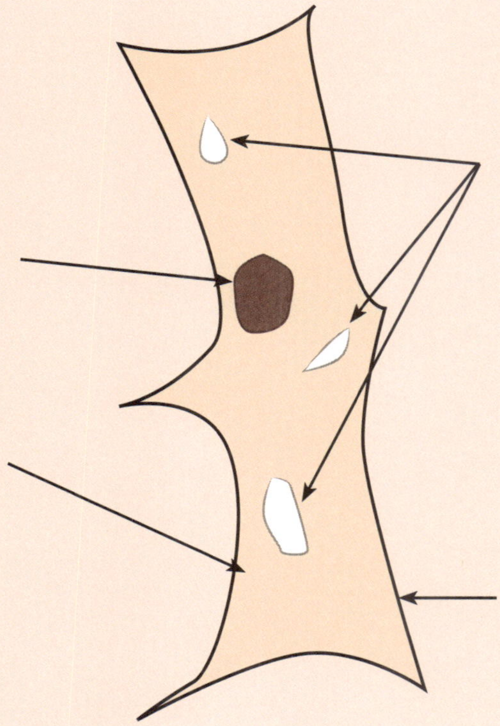

Datum:

Name: Vorname: Klasse/Gruppe

2.2 Holzschutz

Arbeiten Sie mit dem Tabellenbuch „Farbe – Raum (Tabellen und Fakten)“ vom Verlag Handwerk und Technik, Kap. „Holzuntergründe“, „Holzschädlinge“ und „Holzbeschichtungen“.

1. Nennen Sie je vier Schädlinge, die ***Holz befallen*** können.

Tierische Schädlinge	**Pflanzliche Schädlinge**
Bockkäfer	Algen

2. Wie heißt die ***Beschichtung von Holz***, die im Bild oben links dargestellt ist?
   Fertigen Sie im unteren Feld eine Skizze von einer geschlossenen, filmbildenden Beschichtung.
   Unterstreichen Sie rot die Holzbeschichtungsart, die für maßhaltiges Holz dient.

Wasserdampf entweicht, Wasser perlt ab	Wasserdampf kann entweichen und eindringen
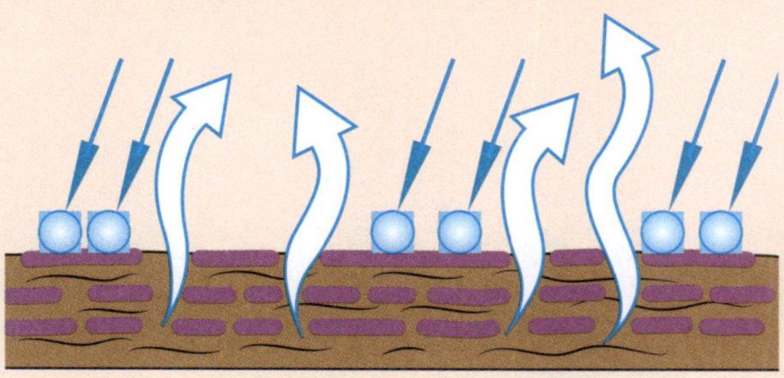	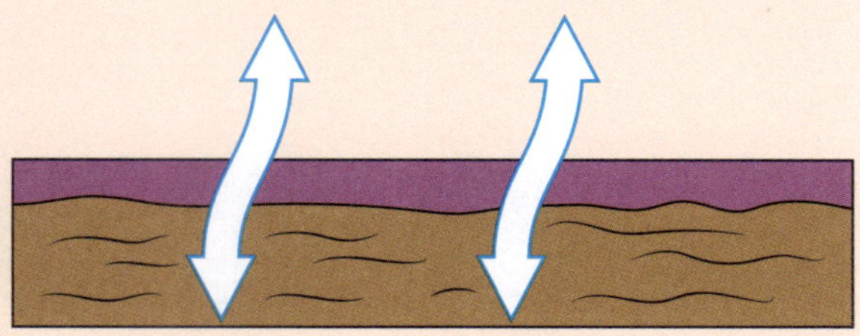
	ventilierende Beschichtung
geschlossene, filmbildende Beschichtung	

3. Nennen Sie ***vier Maßnahmen zum Holzschutz***.

- Lasieren
-
-
-

Datum:
Name: Vorname: Klasse/Gruppe

2.3 Kunststoffe – allgemeine Betrachtung

Arbeiten Sie mit dem Tabellenbuch „Farbe – Raum (Tabellen und Fakten)" vom Verlag Handwerk und Technik, Kap. „Kunststoffe", sowie mit dem Lehrbuch „Fahrzeuglackierer" vom selben Verlag, Kap. 2.1.2, und mit dem Internet.

1. Nennen Sie acht Fahrzeugbauteile aus Kunststoff. Nutzen Sie hierfür auch das Karosserieschaubild von Lernfeld 1, Seite 11.

Fahrzeugbauteile aus Kunststoff:

- Stoßfänger
-
-
-
-
-
-
-

2. Welche ***Arten*** gibt es bei ***organischen Kunststoffen***?

Arten von organischen Kunststoffen:

- Plastomere
-
-
-

Datum:
Name: Vorname: Klasse/Gruppe

3. Wie ***unterscheiden sich*** die drei wichtigsten ***Kunststoffarten***? Skizzieren Sie je ein Strukturbild.

Plastomere – Kettenstruktur 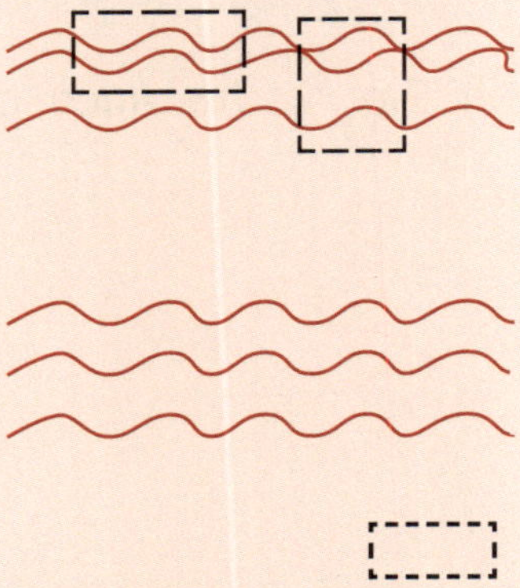		
Unterschiede im Verhalten:		
Ketten	Vernetzte Strukturen	Elastomere

4. Was sind ***halbsynthetische Kunststoffe***? Nennen Sie drei Beispiele!

Halbsynthetische Kunststoffe

Beispiele sind:

- Papierwerkstoffe
-
-

Datum:

Name: Vorname: Klasse/Gruppe

5. Welche ***Reaktionen*** werden bei der Herstellung von Kunststoffen angewendet?

Reaktionen bei der Herstellung von Kunststoff:

- Polymerisation
-
-

6. Beschreiben Sie ***diese Reaktionen*** näher.

- Bei der Polymerisation
-
-

7. Welche dieser Reaktionen läuft unabdingbar exotherm ab, sodass im Falle von 2-K-Kunstharzlacken durch Ablüften zunächst die entstehende Reaktionswärme abgeführt werden muss, bevor man forciert trocknet?

Reaktion, die bei der Herstellung von Kunststoff exotherm abläuft, ist .

8. Wie kann man den vollständigen Verlauf der Polymerisation stoppen?

Die Polymerisation kann gestoppt werden durch .

9. Wie leitet man den Fortgang der Polymerisation wieder ein?

Die Polymerisation kann wieder fortgesetzt werden durch .

10. Nennen Sie Beispiele, wie Kunststoffe ***in der Fahrzeuglackiererei angewendet*** werden.

In der Fahrzeuglackiererei werden folgende Kunststoffe angewendet:

-
-
-
-
-

Datum:
Name: Vorname: Klasse/Gruppe

2.4 Spezielle Kunststoffe

Arbeiten Sie mit dem Tabellenbuch „Farbe – Raum (Tabellen und Fakten)“ vom Verlag Handwerk und Technik, Kap. „Kunststoffe“, sowie mit dem Lehrbuch „Fahrzeuglackierer“ vom selben Verlag, Kap. 2.1.2, Kap. 2.3.3. und Kap. 2.4.

1. Welche allgemeinen Eigenschaften haben organische Kunststoffe?

   Organische Kunststoffe sind:
   -
   -
   -
   -
   -
   -
   -
   -

2. Was sind ***vollsynthetische organische Kunststoffe***? Nennen Sie Beispiele.

   Vollsynthetische Kunststoffe

   Beispiele:
   - Polyurethan
   - Polystyrol
   -
   -

3. Wie erkennt man ***Polyvinylchlorid (PVC)*** und ***Polystyrol (PS)***?
   - PVC
   - PS

Datum:

Name: Vorname: Klasse/Gruppe

4. Beschreiben Sie ***duromeres Polyurethan*** und ***vernetzte Polyurethane***.

Name	Handelsname	Eigenschaften	Verwendung/Einsatz
duromeres Polyurethan (PUR-hart)			
vernetzte Polyurethane (PUR-elastisch)			

5. Was sind ***anorganische Kunststoffe***?

Anorganische Kunststoffe sind

6. Welche ***Arten von Sicherheitsglas*** gibt es?

Arten von Sicherheitsglas:

-
-

7. Welcher ***Name*** verbirgt sich hinter den Abkürzungen folgender ***Kunststoffe*** und umgekehrt?

Abkürzung	Bezeichnung
ABS	
PP/EPDM	
	Phenolharz
PVC	
	Polyurethan
PTFE	
PC	
	Polypropylen
PMMA	
PS	
	ungesättigtes Polyesterharz

Datum:
Name: Vorname: Klasse/Gruppe

8. Welche Eigenschaften und Verwendung haben ***Epoxidharz***, ***Acrylglas*** und ***Polyvinylchlorid***? Ergänzen Sie die leeren Felder der Tabelle.

Name/Abkürzung	Eigenschaften	Verwendung
Epoxidharz EP		
	abriebfest, witterungsbeständig, beständig gegenüber Lösemitteln, Säuren und Laugen, wasserdicht, schweißbar	
		Lampenteile, Scheinwerferglas, Brillen und Schutzbrillen, Schweißschutzschirme (abgedunkelt), Verglasung von Armaturen, Werbeschildern, Smartphones

9. Warum müssen Kunststoffe von ***Trennmitteln*** befreit werden?

Trennmittel

10. Wozu werden Kunststoffe ***getempert***?

Mit dem Tempern

11. Nennen Sie ***vier Flüssigkunststoffe*** und beschreiben Sie ihre Eigenschaften.

Flüssigkunststoffe	Eigenschaften
PUR-Lacke	

12. Vulkanisieren ist das Einkneten von ______ und/oder ______ in den Rohkautschuk mittels Kalandrierwalzen, um dadurch die Kautschukmasse zur ______ zu führen.

Datum:
Name: Vorname: Klasse/Gruppe

2.5 Kunststoffbeschichtung

Arbeiten Sie mit dem Tabellenbuch „Farbe – Raum (Tabellen und Fakten)" vom Verlag Handwerk und Technik, Kap. „Beschichtung von Kunststoffen", sowie mit dem Lehrbuch „Fahrzeuglackierer" vom selben Verlag, Kap. 2.3.3 und Kap. 2.4.

1. Was versteht man unter ***Alterung*** von Kunststoffen?

   Unter Alterung von Kunststoff versteht man, dass

2. Welche Ursachen führen zur Alterung von Kunststoffen und welche Auswirkungen haben sie?
   Bearbeiten Sie nachfolgende Tabelle.

Alterungsursachen	Auswirkung
UV-Strahlung	

3. Welche ***Arbeitsschritte*** sind vor dem Beschichten von Kunststoffen nötig und ***warum***?

Arbeitsschritte	Beschreibung des Arbeitsschrittes und Begründung
	Trennmittelrückstände, die nach dem Ausformen an der Oberfläche verblieben sind, werden
	So werden Spannungen im Kunststoff abgebaut, Lunkerstellen sichtbar gemacht, interne Trennmittel ausgeschwitzt und Weichmachermoleküle von der Oberfläche vertrieben, sodass der Kunststoff schleif- und lackierbar wird.
Kunststoffe schleifen	Deshalb kann man alternativ nach der Reinigung auch den Kunststoff ohne Anschliff mit Kunststoffhaftprimer sofort grundieren und nach kurzer Ablüftzeit Nass-in-Nass den 2-K-EP-Grundierfüller auftragen.

Datum:
Name: Vorname: Klasse/Gruppe

4. Nennen Sie **fünf *Probleme bei der Kunststoffbeschichtung***.

Probleme bei der Beschichtung von Kunststoff:

-
-
-
-
-

5. Insbesondere bei PE-Oberflächen kann die Haftfestigkeit einer späteren Beschichtung erhöht werden. Nennen Sie eine Möglichkeit.

Die Haftfestigkeit der späteren Beschichtung einer PE-Oberfläche kann erhöht werden durch

Datum:
Name: Vorname: Klasse/Gruppe

2.6 Pkw-Anhänger grundieren und füllern

Arbeiten Sie mit dem Buch „Fachmathematik für Fahrzeuglackierer" vom Verlag Holland und Josenhans, Seite 117, Aufg. 19, sowie mit dem Lehrbuch „Fahrzeuglackierer" vom Verlag Handwerk und Technik, Seite 11, Seiten 27 bis 29 und Seiten 30 bis 33.

Der Kundenauftrag lautet:

Ein Pkw-Anhänger mit neuer Holzbeplankung und Kunststoff-Spritzschutz soll für die Lackierung vorbereitet werden, einschl. beide Bodenflächen, unten und oben. Jede Planke besteht aus drei mit Nut und Feder verzahnten Holzbrettern, die vor dem Füllern lasiert werden müssen.

1. a) Zeichnen Sie die ***Drei-Seiten-Ansicht*** des Pkw-Anhängers aus dem Buch „Fachmathematik für Fahrzeuglackierer", Seite 117, Aufgabe 19.
   b) Zeichnen Sie die *Abwicklung des Spritzschutzes* mit normgerechter Bemaßung und Anwendung der Normschrift B.
   Hinweis: Verwenden Sie dafür die Rückseite dieses Blattes.

2. ***Berechnen*** Sie:
   a) die Oberfläche A_O (vgl. Aufgabe 1a).
   b) die Fläche A_B mit einem Beschlagabzug von 3,5 %
   c) für die Lasur die Menge V_L in l für drei Aufträge (Materialverbrauch MV = 0,135 l/m²) mit 3,85 % Zugabe für die Kanten der Bretter

Lösung:

a) A_O =

b) A_B =

c) V_L =

Datum:
Name: Vorname: Klasse/Gruppe

Datum:
Name: Vorname: Klasse/Gruppe

3. ***Berechnen*** Sie den Füllerbedarf V_F für die allseitige Beschichtung der beiden Spritzschutzteile des Pkw-Anhängers mit spritzfertigem 1-K-Füller, wenn die Ergiebigkeit $E = 5{,}33\ m^2/l$ beträgt (Kantenzugabe = 4,5 %).
Hinweis: Rechnen Sie in folgenden Schritten:
   - Oberfläche A_O von 1 Spritzschutzteil
   - die Beschichtungsfläche A_B für beide Spritzschutzteile
   - den Füllerbedarf V_F

Lösung:

$A_O =$

$A_B =$

$V_F =$

4. Welche ***Arbeitssicherheits- und Umweltschutzmaßnahmen*** sind beim Grundieren und Füllern zu ergreifen und warum?

Arbeitssicherheitsmaßnahmen beim Grundieren und Füllern:

-
-
-

Umweltschutzmaßnahmen beim Grundieren und Füllern:

-
-

Datum:
Name: Vorname: Klasse/Gruppe

5. Erarbeiten Sie am PC in Word eine ***Tabelle mit den Arbeitsschritten*** zum Grundieren und Füllern des Pkw-Anhängers.

Nr.	Bezeichnung der Arbeitsschritte	Arbeitsmittel	Material	Begründung des Arbeitsschrittes
1	Ladefläche demontieren und die einzelnen Bretter der Beplankung aus den Beschlägen nehmen, Spritzschutz demontieren			
2				
3				
4				
5				
6				
7				
8				
9				
10				
11				

Datum:
Name: Vorname: Klasse/Gruppe

Lernfeld 3: Oberflächen und Objekte herstellen

Arbeiten Sie mit dem Lehrbuch „Fahrzeuglackierer" vom Verlag Handwerk und Technik, Kap. 3.

3.1 Vorbereitung beim Herstellen von Oberflächen und Objekten

1. Nennen Sie die ***grundlegenden Arbeitsschritte*** beim Herstellen von Oberflächen und Objekten.

   Grundlegende Arbeitsschritte beim Herstellen von Oberflächen und Objekten:

   -
   -
   -
   -
   -
   -

2. Erklären Sie, warum Bauteile vom Fahrzeuglackierer vor dem Grundieren ***sorgfältig abgeklebt und abgedeckt*** werden müssen.

   Angrenzende Bauteile müssen abgeklebt und abgedeckt werden, damit

3. Zählen Sie Beschädigungen auf, die der Fahrzeuglackierer im Rahmen der Untergrundprüfung feststellen und markieren muss:

   - Dellen
   -
   -
   -
   -

4. Setzen Sie den fehlenden Begriff in folgende Aussage ein.

   Kleinere und nur schwer sichtbare Beschädigungen können auf gereinigten Flächen durch Besprühen mit ______ *sichtbar gemacht werden.*

5. Erklären Sie, warum der Fahrzeuglackierer bei der Reinigung des Untergrundes ***Schutzhandschuhe*** tragen muss.

   Der Fahrzeuglackierer muss Schutzhandschuhe tragen, um:

   -
   -

	Datum: Name:	Vorname:	Klasse/Gruppe

6. Ordnen Sie den nachfolgenden Beschichtungsuntergründen die ***entsprechenden Reinigungsmittel*** zu, indem Sie diese mit Linien verbinden.

Holz(-anhänger)	
Metall(-tür)	Silikonentferner
Kunststoff (-stoßstange)	
Aluminium (-Fronthaube)	Spezieller Kunststoffreiniger
Dachspoiler	

7. Erklären Sie, warum der Fahrzeuglackierer bei der Reinigung von Kunststoffoberflächen zu einem ***speziellen Kunststoffreiniger*** greifen sollte.

Der spezielle Kunststoffreiniger

Datum:
Name: Vorname: Klasse/Gruppe

3.2 Grundieren

1. Wann setzt der Fahrzeuglackierer den sogenannten ***Primer*** ein?
   Definieren Sie in diesem Zusammenhang den Begriff „Primer".

   Primer wird eingesetzt

   Der Begriff „Primer"

2. Nennen Sie die Aufgaben der Grundierung im Beschichtungsaufbau.

   Die Grundierung hat die Aufgaben,
   - den Untergrund
   -

3. Ergänzen Sie in der Tabelle die fehlenden Grundiermaterialien und die Funktion.

Grundiermaterial	Funktion
Sealer	
	Grundierung als Haftvermittler für Kunststoffe
Grundierfüller (Primer-Surfacer)	
	wirkt zusätzlich als Ätzmittel, kann also die Metalloberfläche vorbehandeln, für Spot-Repair von Durchschliffstellen bis zum blanken Metall
	Grundierung, mit der auch leichtes Füllern möglich ist

4. Sie haben von Ihrem Chef die Aufgabe erhalten, die folgenden Grundieraufträge zu übernehmen. Ordnen Sie den Grundiermaterialien die nachfolgenden Arbeitsaufträge zu:
   - Kunststoffstoßstange
   - Dachspoiler
   - Schwellerverkleider
   - Fronthaube eines Morgan 4/4 (Oldtimer)
   - Kotflügel eines VW-Golf VI
   - Seitenwand eines Mercedes AMG GT
   - alter Holzanhänger
   - Heimstolz-Wohnanhänger aus Holz

Grundiermaterial	Grundierauftrag
Einlassgrund	
2-K-Epoxid-Grundierung	
Kunststoff-Haftvermittler	

Datum:
Name: Vorname: Klasse/Gruppe

3.3 Spritzpistole

1. Vervollständigen Sie die unten stehende Tabelle zu den verschiedenen Arten der ***Zufuhr des Spritzmaterials***.

Grafische Darstellung eigenhändige Skizze			
Zuführung des Spritzmaterials	Fließbecher	Druckbecher	Druckkessel
Anwendung			

2. Definieren Sie den Begriff ***Overspray***.
Begründen Sie in diesem Zusammenhang auch, warum bei Hochdruck-Spritzpistolen besonders viel Overspray entsteht?

Overspray ist

Besonders viel Overspray entsteht

3. Ergänzen Sie die nachfolgende Aussage.
Die Richtlinie VDI 3456 fordert eine ***Reduzierung des Oversprays***, indem Spritzpistolen verwendet werden, die mindestens 65 % des Spritzguts auf die Beschichtungsoberfläche bringen, um:

1.

2.

Datum:
Name: Vorname: Klasse/Gruppe

4. Zählen Sie ***Möglichkeiten der Spritznebelreduzierung*** zugunsten des Umweltschutzes auf, die Ihnen als angehender Fahrzeuglackierer zur Verfügung stehen. Gehen Sie dabei auch auf die Nachteile dieser Spritzpistolen gegenüber (den traditionell eingesetzten) Hochdruckspritzpistolen ein.

Spritzpistole	**Nachteile**
Niederdruck-Spritzpistolen/HVLP/NR	
Spritzpistolen mit optimiertem Hochdruck/RP/LVLP/Mitteldruck-spritzpistole	

5. Benennen Sie die ***Bauteile der HVLP-Spritzpistole***.

Datum:
Name: Vorname: Klasse/Gruppe

6. Erklären Sie die allgemeine ***Funktionsweise der Spritzpistole***.

   Durch die Betätigung des Abzugshebels

7. ***Ergänzen Sie*** den nachfolgenden Merksatz.

   Je größer die ______________ des Luftstroms, umso kleiner sind die sich bildenden ______________ des Spritzmaterials.

8. Nennen Sie mögliche ***Ursachen für die nachfolgenden Spritzbildfehler*** und die dazu gehörigen Maßnahmen zur Fehlerbehebung.

Fehler	Ursachen	Fehlerbehebung
Spritzstrahl gespalten 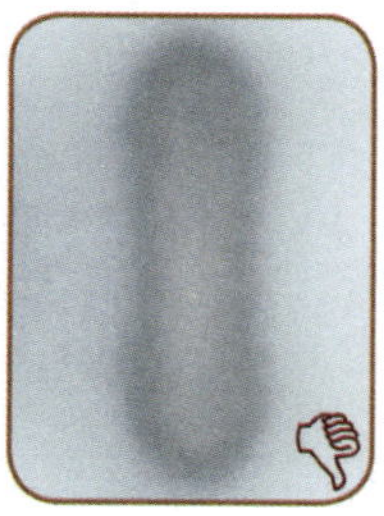	• •	• • •
Spritzstrahl zu klein 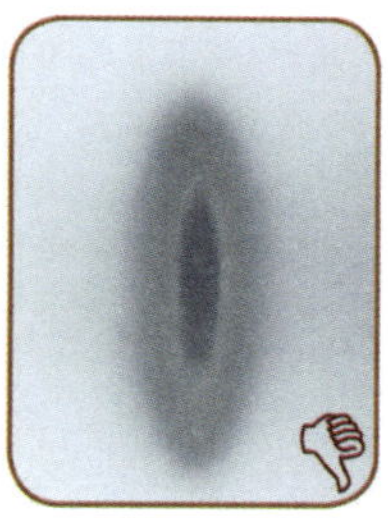	• •	• •
Spritzstrahl einseitig 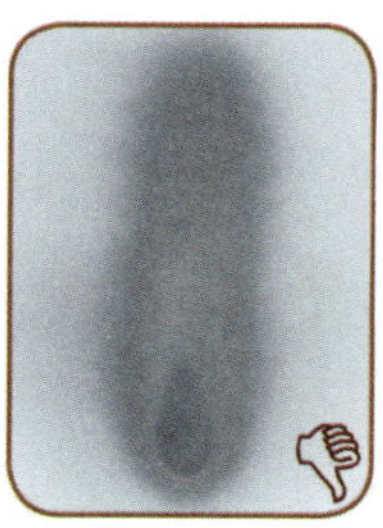	• •	• •

Datum:
Name: Vorname: Klasse/Gruppe

9. Erstellen Sie einen ***Arbeitsablauf für das manuelle Reinigen von Spritzpistolen***, indem Sie die nachfolgende Checkliste ergänzen.

Checkliste

Nr.	Arbeitsschritt	✓
1.	abschrauben → in Reinigungsflüssigkeit legen	
2.	Bügel abziehen und Farbnadel zurückziehen → ausschrauben und → in Reinigungsflüssigkeit legen	
3.	herausschrauben	
4.	Farbnadel herausziehen →	
5.	Luftdüse, Farbdüse, Farbnadel und Farbkanal →	
6.	leicht einfetten	
7.	Farbnadel und Materialmengenregulierung (nur etwas eindrehen) montieren	
8.	bei abgezogenem Bügel und zurückgezogener Farbnadel (fest) einschrauben	
9.	einschrauben und positionieren	
10.		

Datum:
Name: Vorname: Klasse/Gruppe

3.4 Spachteln

1. Ergänzen Sie die ***wichtigsten Grundsätze***, die der Fahrzeuglackierer beim Spachteln beachten muss.
   - Vor dem Spachteln muss der Untergrund ______ und ______ werden.
   - Beim Anrühren der 2-K-Spachtelmasse ist darauf zu achten, dass ______
   - Dass die angerührte Spachtelmasse innerhalb von ___ Minuten verarbeitet wird.
   - Damit sich keine Risse beim Trockenen bilden, sollte die Spachtelmasse nicht ______ aufgetragen werden.
   - Die Spachtelmasse muss zum Rand hin ______.

2. „Spachtelmasse ist hygroskopisch."
   Welche Konsequenzen ergeben sich deshalb ***bei hoher Luftfeuchtigkeit*** für die Spachtelarbeit?
   Da Spachtelmasse Feuchtigkeit anzieht, muss sie

3. Benennen Sie ***Fehler, die beim Auftragen des ersten Spachtelauftrages*** entstehen, und die durch die Feinspachtelung ausgeglichen werden.
   Bei der Feinspachtelung werden ausgeglichen:
   -
   -
   -

4. Erklären Sie, warum der Härter der Zwei-Komponenten-Spachtelmasse meist eine rote oder blaue Farbe besitzt.
   Die Härter-Komponente besitzt meist eine rote oder blaue Farbe, damit

5. Beschriften Sie die nachfolgenden ***Spachtelwerkzeuge***, mit denen die Spachtelmasse auf den Untergrund aufgebracht wird.

	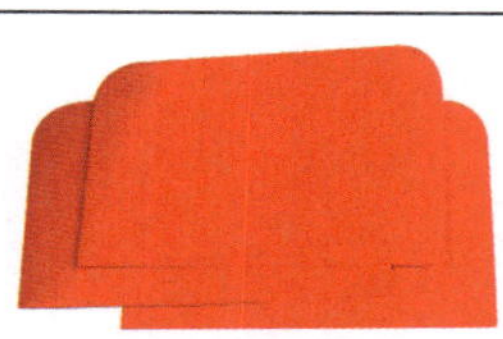		

6. Erklären Sie, was passieren kann, wenn die vorgegebene ***Schichtdicke*** beim Spachteln ***nicht eingehalten*** wird.

Datum:
Name: Vorname: Klasse/Gruppe

7. Ordnen Sie den folgenden Spachtelaufträgen die ***passenden Spachtelwerkzeuge*** zu und begründen Sie kurz Ihre Auswahl.

Spachtelauftrag	Passende Spachtelwerkzeuge
Anmischen von Spachtelmasse	
Steinschlagschaden im Metall der vorderen rechten Seitentür	
Deformationen im Bereich der Radläufe außen	
Dellen auf der Fronthaube	
 **Melkus RS 1000**	
Beschädigung (Kratzer) am Heckspoiler	
großflächige Reparaturarbeiten im Bereich des Dachblechs eines Kleintransporters	
großflächige Beschädigungen auf der linken Seitenwand eines Wohnmobils	

8. Warum sind beim Spachteln ***Arbeitsschutzmaßnahmen*** zu berücksichtigen? Nennen Sie die Arbeitsschutzmaßnahmen für das Spachteln.

Arbeitsschutzmaßnahmen beim Spachteln sind wichtig, da

Arbeitsschutzmaßnahmen:

-
-
-

9. Erklären Sie, warum zum Schleifen der Spachtelmasse nur Schleifgeräte ***mit Exzenterbewegung*** eingesetzt werden sollten.

Durch die Exzenterbewegung

Datum:
Name: Vorname: Klasse/Gruppe

3.5 Füllern

1. Stellen Sie die ***Aufgaben des Füllers und der Spachtelmasse*** vergleichend gegenüber, indem Sie die nachfolgende Tabelle ergänzen.

Füller	Spachtelmasse
Erhöhung der Schichtdicke	
	Verfüllen größerer Unebenheiten (Schadstellen, wie Dellen und Vertiefungen)
Herstellen einer ebenen/glatten Oberfläche	Herstellen einer ebenen/glatten Oberfläche auf Ausgangsniveau (= ursprüngliche Oberflächenform)

2. Erklären Sie, warum der Füller je Spritzgang ***nur dünn aufgetragen*** werden darf.
   Der Füller

3. Stellen Sie ***Dickschicht- und Nass-in-Nass-Füller vergleichend gegenüber***, indem Sie die Tabelle vervollständigen.

	Dickschicht-Füller	Nass-in-Nass-Füller
Festkörperanteil		
Nachbereitung		
Trocknung		

3.6 Kontroll-Lack spritzen

Erläutern Sie die ***Funktion/Aufgabe des Kontroll-Lacks***.

3.7 Fahrzeug neu eindecken

Erklären Sie, was der Fahrzeuglackierer meint, wenn er davon spricht, dass das ***Fahrzeug neu eingedeckt*** werden muss.
Eindecken heißt, dass das Fahrzeug

Datum:
Name: Vorname: Klasse/Gruppe

3.8 Lernsituation: Kundenauftrag

Vorbereitung zum Lackieren nach Beseitigung von Unfallschäden an einem Seat Leon ST Kombi.

Arbeitsauftrag:
Ihr Ausbilder, Herr Reinke, gibt Ihnen den Auftrag, den nachfolgenden ***Arbeitsablaufplan „Vorbereitung zum Lackieren"*** für die Beschichtung des beschädigten Kotflügels bis zur anschließenden dekorativen Beschichtung fertigzustellen.

Beschreibung der Lernsituation:
Ihre Firma hat vom Autohaus Pohl den Auftrag erhalten, einen weißen Seat Leon ST Kombi wieder instand zu setzen.
Das Fahrzeug weist folgende Unfallschäden auf:

- linker hinterer Kotflügel und hintere Stoßstange beschädigt bzw. deformiert
- Lackbeschädigungen am hinteren Kotflügel und der hinteren Stoßstange

Der zuständige Karosseriebauer hat bereits den eingedrückten Kotflügel ausgebeult, siehe Foto. Und er hat die hintere Stoßstange für die spätere Instandsetzung demontiert. Auch die Untergrundprüfung sowie -vorbereitung für den beschädigten Kotflügel wurden bereits von Herrn Reinke ausgeführt und im Arbeitsablaufplan notiert.

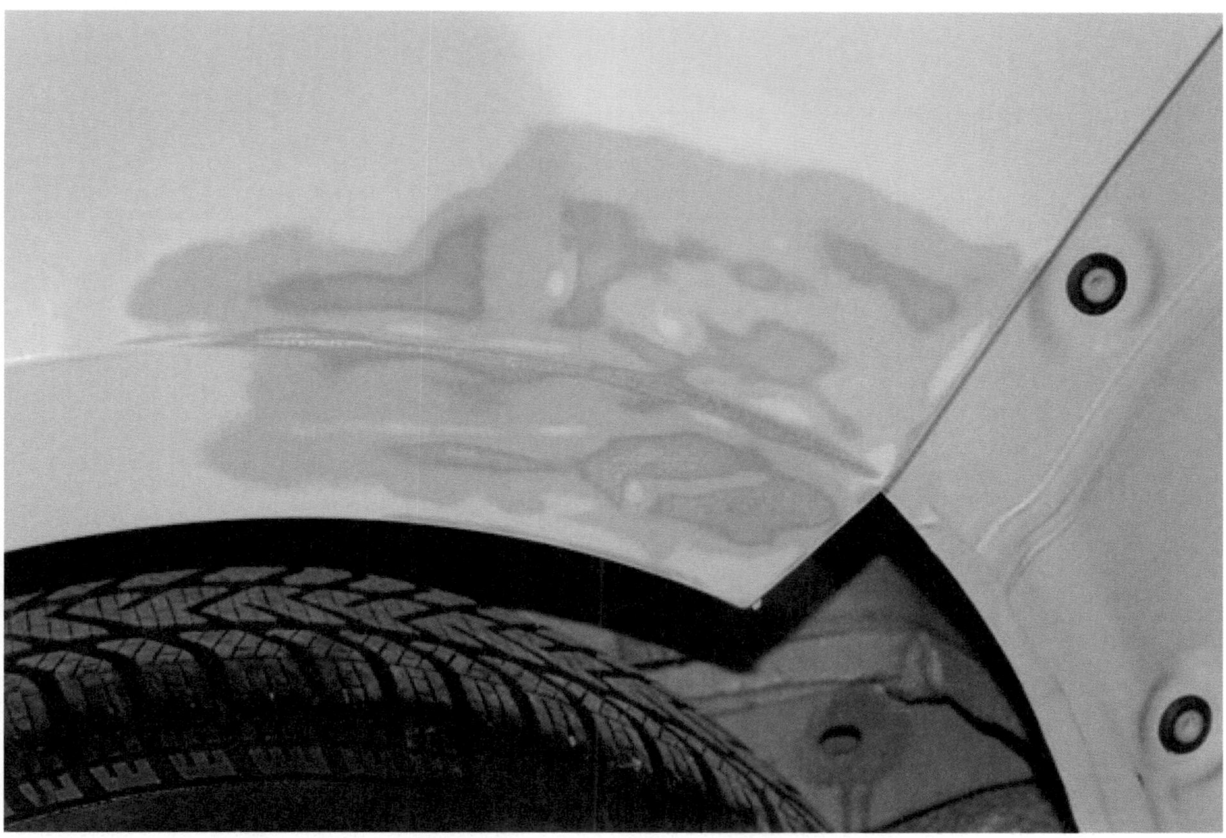

Ausgebeulter, gereinigter und geschliffener Kotflügel des weißen Seat Leon Kombi

Datum:
Name: Vorname: Klasse/Gruppe

1. ***Füllen Sie*** dazu den Arbeitsablaufplan in der vorgegebenen Tabelle ***aus***.

Arbeitsplan						**Datum:**
Auftrags-Nr.	**Schlüssel:** *Typ: Seat Leon ST Kombi*				**Benennung/Art der Arbeit:** *Vorbereitung zum Lackieren*	**Mitarbeiter:** *Herr Reinke*
Arbeitsschritt					**Werkzeuge Maschinen Material**	**Bemerkungen UVV**
lfd. Nr.	**Vor-be-rei-tung**	**Aus-füh-rung**	**Finish**			
1	X			vorbereitete Flächen reinigen	Wasser, Siliconent-ferner	Schutzhandschuhe (Vermeidung von Fett und Salz durch Hautkontakt)
2	X			Untergrund anschleifen	Exzenterschleifer (P80/P120)	Atemschutz
3						
4						
5						
6						
7						
8						
9						
10						
11			X	Fahrzeug reinigen und neu eindecken	Druckluft, Abdeck-folie, Klebeband	

Datum:
Name: Vorname: Klasse/Gruppe

2. ***Wie viele Schichten*** 2-K-Dickschicht-Füller sollten auftragen werden?
   Der 2-K-Dickschicht-Füller sollte in ______ Schichten aufgetragen werden.

3. Mit welcher ***Körnung*** wird der Fülllerauftrag geschliffen?
   Der Fülllerauftrag wird mit der Körnung ______ geschliffen.

4. Warum müssen die bereits gespachtelten Stellen ***nochmals grundiert*** werden?
   Bereits gespachtelte Stellen müssen nochmals grundiert werden, um:
   -
   -
   -

5. Vervollständigen Sie den nachfolgenden Satz:
   Bevor das gesamte Fahrzeug grundiert und gefüllert wird, um Übergänge zu glätten, muss im Rahmen der Qualitätssicherung überprüft werden, ob
   -
   -
   -

Datum:
Name: Vorname: Klasse/Gruppe

Lernfeld 4: Oberflächen gestalten

4.1 Skizzieren, Konstruieren und Zeichnen

Arbeiten Sie mit dem Lehrbuch „Fahrzeuglackierer" vom Verlag Handwerk und Technik, Kap. 4.4.

1. Fertigen Sie in den vorgegebenen Feldern analoge ***Skizzen*** an von Körpern
   a) mit ebenen Begrenzungsflächen
   b) mit krummlinigen Flächen

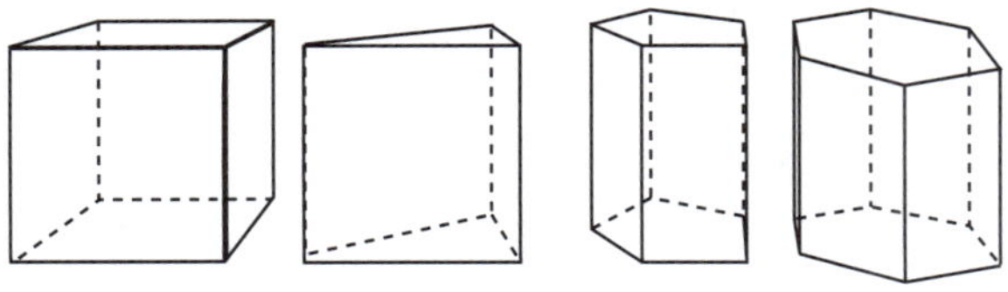	
a) Körper mit ebenen Begrenzungsflächen	b) Körper mit krummlinigen Begrenzungsflächen

Datum:
Name: Vorname: Klasse/Gruppe

2. Sind die beiden Waagerechten ***parallel***?

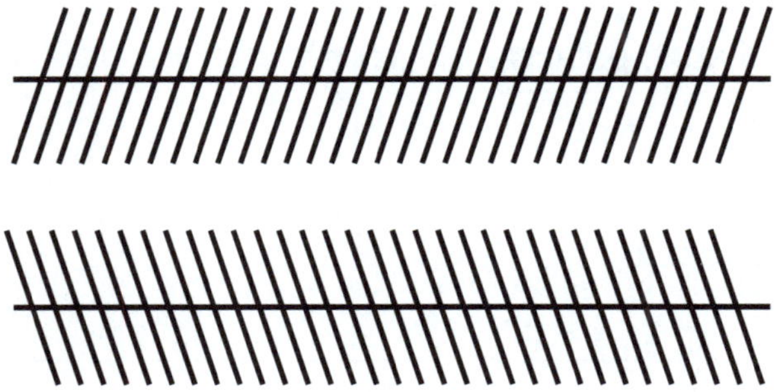

Lösung:

3. Setzen Sie die ***Linienführung*** oben und unten fort und zeichnen Sie oben und unten vom Mittelpunkt 1 cm entfernt ***zwei Waagerechte*** ein. Was empfinden Sie?

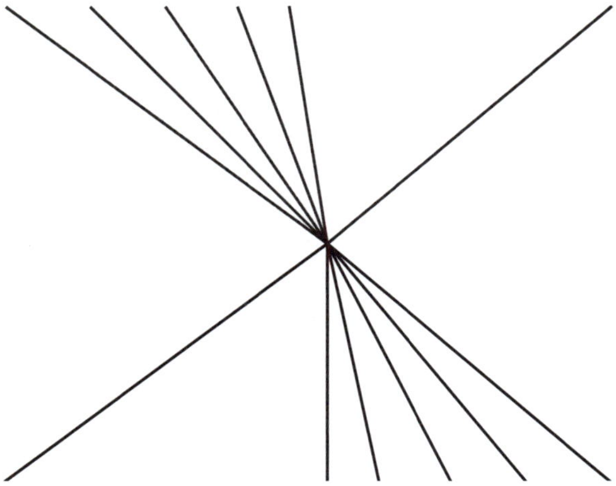

Lösung:
Die Waagerechten empfinde ich

4. Entwerfen Sie ein ***ähnliches buntes*** Flächenbild.

Datum:
Name: Vorname: Klasse/Gruppe

5. ***Skizzieren Sie*** ein
   a) vom Menschen geschaffenes Objekt (z. B. ein Fahrzeug auf dem Parkplatz)
   b) Naturobjekt (z. B. eine Pflanze auf dem Fensterbrett)
   Hinweis: Nutzen Sie reale Vorlagen oder Fotos.

a) Vom Menschen geschaffenes Objekt	b) Naturobjekt

Datum:
Name: Vorname: Klasse/Gruppe

6. Fertigen Sie folgende ***geometrische Grundkonstruktionen*** an:

a) Lot auf eine Schräge fällen

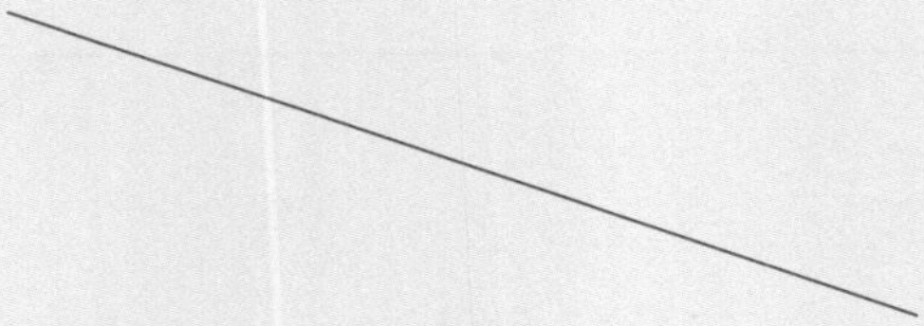

b) Eine Strecke in neun gleiche Teile teilen

c) Winkel halbieren

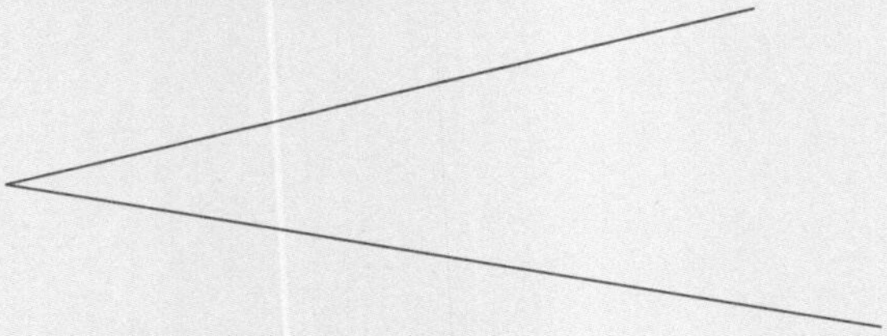

d) Sechseck konstruieren

e) Kreismittelpunkt ermitteln

Datum:
Name: Vorname: Klasse/Gruppe

7. ***Konstruieren*** Sie ***ein Rallye***-Segel nach dem dargestellten Prinzip „Kurven durch Linien".

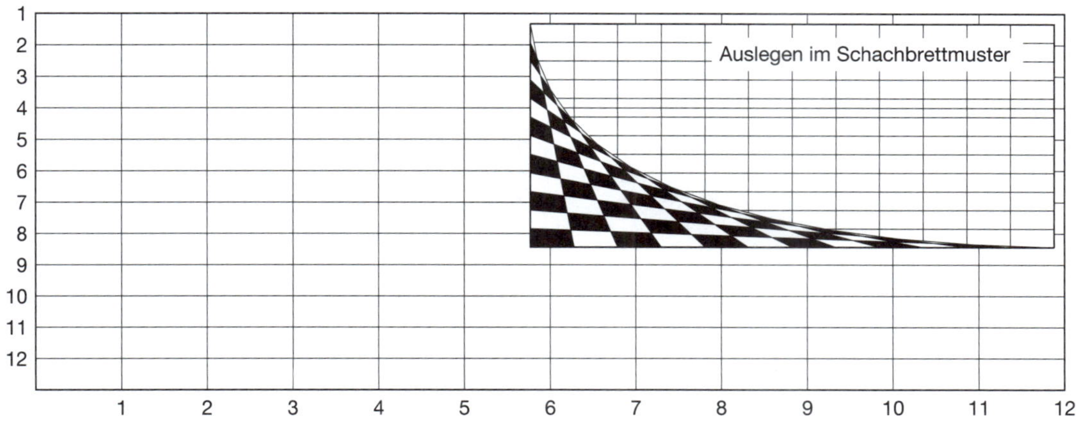

Konstruktion mit ***spitzem Winkel***:

8. a) Fertigen Sie eine ***technische Zeichnung als Drei-Seiten-Zeichnung im Maßstab M 1:20*** von folgendem Stoßfänger an. Die Materialdicke bleibt unberücksichtigt. Hinweis: Verwenden Sie dafür die Rückseite des Blattes.

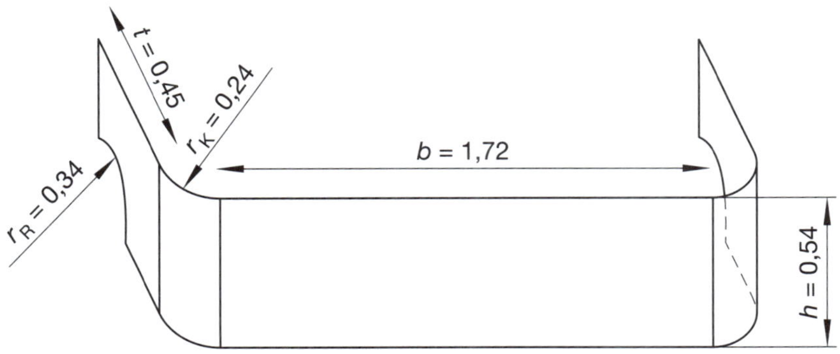

Angaben in m

b) Berechnen Sie die ***Oberfläche des Stoßfängers*** (einseitig).

Lösung:

$A_O =$

Datum:
Name: Vornamer: Klasse/Gruppe

Datum:

Name: Vorname: Klasse/Gruppe

4.2 Perspektivische Darstellungen

Arbeiten Sie mit dem Lehrbuch „Fahrzeugtechnik, Karosserie- und Fahrzeugbau – Technische Mathematik und Technische Kommunikation“ vom Verlag Handwerk und Technik, Seite 117, sowie dem Lehrbuch „Fahrzeuglackierer“ vom selben Verlag, Kap. 4.4.

1. Zeichnen Sie in den Bildern auf der Rückseite dieses Blattes ***Fluchtlinien und die Horizontlinie*** sowie die ***seitlichen Fluchtpunkte F_{p1} und F_{p2}*** bzw. den **zentralen Fluchtpunkt** ein.

2. Skizzieren Sie in ***Zwei-Punkt-Perspektive*** (siehe Vorgabe) einen Pkw.

Datum:
Name: Vorname: Klasse/Gruppe

4

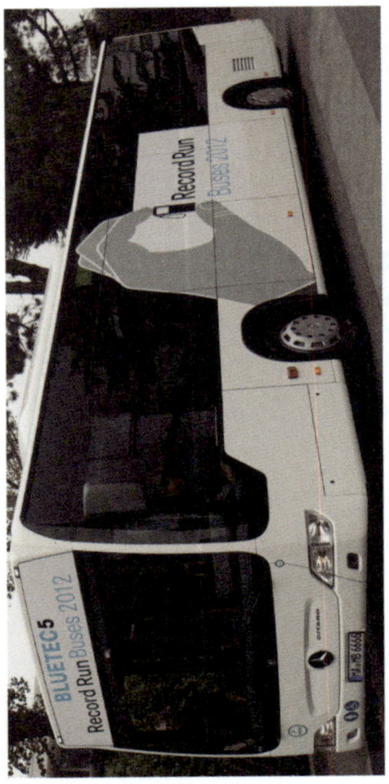

Datum:
Name: Vorname: Klasse/Gruppe

3. Das folgende Bild zeigt den Blick in eine Lackierkabine in Zentralperspektive. Wo liegt der ***zentrale Fluchtpunkt*** F_P? Zeichnen Sie ihn ein.

4. Auf der Rückseite des Blattes ist eine Werkstatt im Grundriss dargestellt. Skizzieren sie darunter ***die Zentralperspektive dieser Werkstatt*** von der Betrachterposition (←) aus.

5. Zeichnen Sie einen ***Würfel in Normalperspektive, Vogelperspektive und Froschperspektive***.

Normalperspektive:	Vogelperspektive:	Froschperspektive:

Datum:
Name: Vornname: Klasse/Gruppe

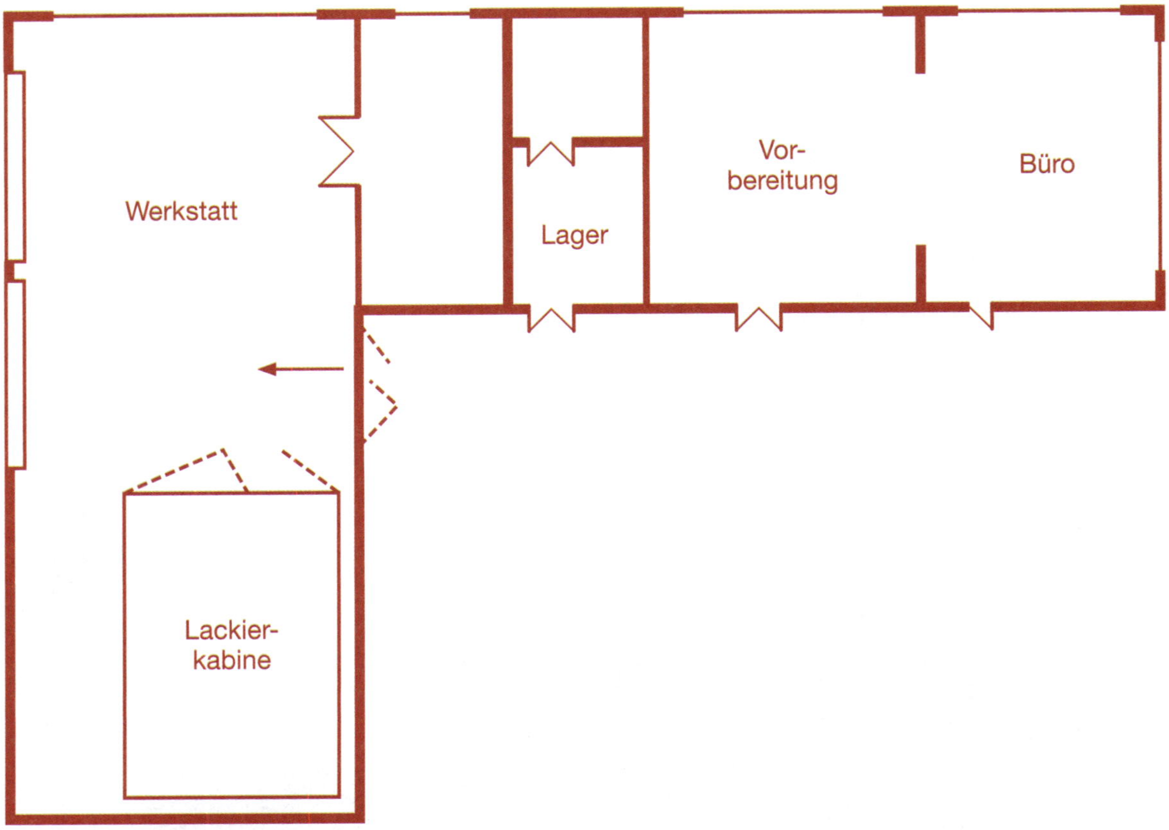

Datum:

Name: Vorname: Klasse/Gruppe

4.3 Farbenlehre

Arbeiten Sie mit dem Lehrbuch „Fahrzeuglackierer" vom Verlag Handwerk und Technik, Kap. 4.1.4, Kap. 4.1.5 und Kap. 4.2.

1. Es gibt ein Sprichwort: ***„In der Nacht sind alle Katzen grau."*** Erklären Sie diese Aussage.

2. Drei Faktoren sind am Sehprozess unmittelbar beteiligt:
   - ***das Licht***
   - ***das zu Betrachtende (Objekt)***
   - ***das Auge*** (verbunden über den Sehnerv mit dem Gehirn).

   a) Welches ist die ***stärkste natürliche Lichtquelle***?
   Die stärkste Lichtquelle ist .

   b) Nennen Sie eine ***künstliche Lichtquelle***, die ebenfalls die Farbtöne real erscheinen lässt.
   Eine künstliche Lichtquelle ist .

   c) Welche ***Bestandteile im Auge*** sind verantwortlich für:
   - farbiges Sehen:
   - Nahsicht:
   - Sehen im Hellen und im Dunklen:

3. Welche Eigenschaft eines Objektes beeinflusst wesentlich den ***Glanz***, also die Reflexion am Objekt?
   Die Reflexion am Objekt wird beeinflusst von
   .

4. Skizzieren Sie die ***gerichtete*** und die ***diffuse Reflexion***.

Gerichtete Reflexion	**Diffuse Reflexion**

5. Mit welcher ***Geschwindigkeit*** breitet sich das ***Sonnenlicht*** in der Luft aus?
   Lichtgeschwindigkeit in Luft $c =$

6. In welchem ***Wellenlängenbereich*** ist die für den Menschen sichtbare Strahlung, also das Sonnenlicht, einzuordnen?
   Wellenlängenbereich:

7. Woraus besteht es und welche ***Strahlungen*** sind ***benachbart***?
   Benachbarte Strahlungen sind:

Datum:
Name: Vorname: Klasse/Gruppe

8. Skizzieren Sie die ***Lichtzerlegung im Prisma***.

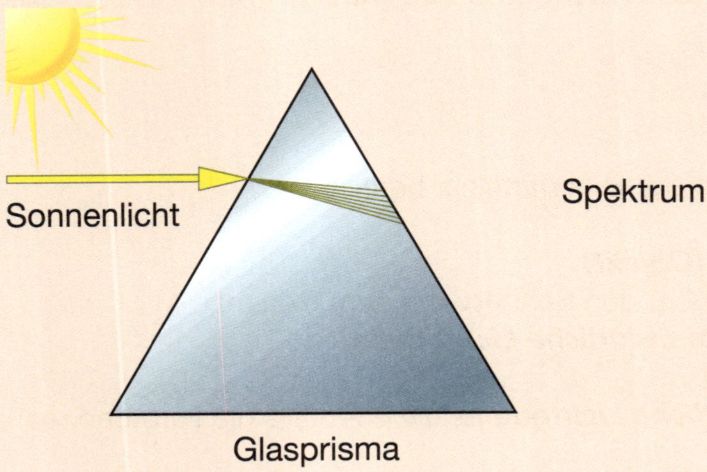

9. Die ***Mischung aller Spektralfarben*** führt zu ______ Licht.
Sie heißt ______.

10. Was ergibt sich aus der Zusammenführung von rotem und grünem Licht?

11. Erklären sie die ***subtraktive Farbmischung***. Wo benötigt man sie?
Subtraktive Farbmischung bedeutet:

Man braucht sie ______.

Datum:
Name: Vorname: Klasse/Gruppe

12. Stellen Sie die ***subtraktive Farbmischung*** farbig dar.
Wie heißen die ***Primär- und die Sekundärfarben***?

Primärfarben:	Darstellung der subtraktiven Farbmischung	Sekundärfarben:
• • •		• • •

13. Betrachten Sie im Lehrbuch „Fahrzeuglackierer", Kap. 4.2.2.1 den ***zwölfteiligen Farbkreis*** und beantworten Sie folgende Fragen dazu:
   a) Welches ist die wärmste und welches die hellste Farbe?
   Die wärmste Farbe ist , die hellste Farbe ist .
   b) Wie heißt die Komplementärfarbe zu Blauviolett?
   Die Komplementärfarbe zu Blauviolett ist .
   c) Nennen Sie außer dem Dreiklang, der im Buch eingezeichnet ist (Rot – Gelb – Blau), noch zwei weitere Dreiklänge.
   Weitere Dreiklänge sind:
   •
   •

Datum:
Name: Vorname: Klasse/Gruppe

4.4 Schriftgestaltung

Arbeiten Sie mit dem Lehrbuch „Fahrzeuglackierer“ vom Verlag Handwerk und Technik, Kap. 4.3.

1. Welche ***Aufgaben*** haben Schriften? Vervollständigen Sie die Mindmap.

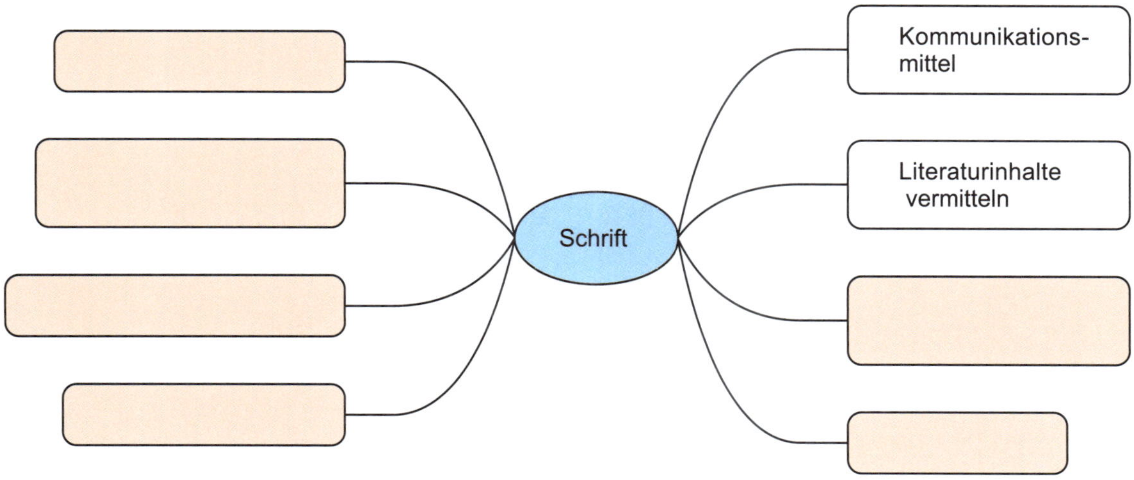

2. Was muss bei der ***Auswahl von Schriften*** beachtet werden?

Bei der Auswahl von Schriften sind zu beachten:

- Lesbarkeit
-
-
-
-
-

3. Was verstehen Sie unter ***Einheit von Schrift und Form***? Erklären Sie diesen Aspekt der Schriftgestaltung an zwei Beispielen.

Einheit von Schrift und Form bedeutet:

- Es sollte immer ein Zusammenhang zwischen Text und Bild hergestellt werden.
-
-
-
-

Beispiele:

-
-

4. Man unterscheidet Blockschriften von Schreibschriften, Frakturschriften und Serifenschriften. Was versteht man unter ***Serifen***?

Serifen haben

Datum:
Name: Vorname: Klasse/Gruppe

5. Nennen Sie eine Serifenschrift.

Eine Serifenschrift ist die .

6. Welcher Schrifttyp wird in diesem Alphabet angewandt?

A: eine Blockschrift B: eine Serifenschrift C: eine Frakturschrift oder D: eine Schreibschrift	Aa Bb Cc Dd Ee Ff Gg Hh Ii Jj Kk Ll Mm Nn Oo Pp Qq Rr Sſ Tt Uu Vv Ww Xx Yy Zz

Richtige Antwort:

7. Nennen Sie ***Gemeinsamkeiten*** von ***Schreibschriften*** und ***handschriftlichen Antiquaschriften***?

Gemeinsamkeiten von Schreibschriften und handschriftlichen Antiquaschriften sind:

-
-
-

8. Wie heißt diese abgebildete Schrift?

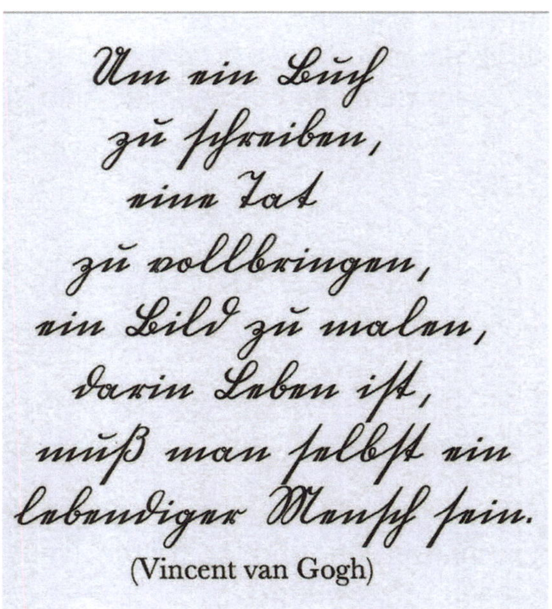

Das ist eine .

Datum:
Name: Vorname: Klasse/Gruppe

4.5 Seitenfront eines Kleintransporters mit Schrift und Bild gestalten

Arbeiten Sie mit dem Lehrbuch „Fahrzeuglackierer“ vom Verlag Handwerk und Technik, Kap. 4.5.2.

Der Kundenauftrag lautet:
Eine Kleintransporter-Seitenfront (rechts) soll im geeigneten Kontrast mit Schrift und Bild gestaltet werden. Das vom Kunden gestellte Bild muss dazu rastervergrößert werden, um es auf Farbfolie per Hand auszuschneiden. Die Schrift wird aus Maskierfolie maschinell ausgeplottet und auslackiert. Bei dieser Gelegenheit kann auch noch ein abgenutzter Großbuchstabe an der Fahrertür erneuert werden. Die Wagenfarbe des Transporters ist Beigegelb.

1. ***Vergrößern*** Sie das Bild des Kleintransporters auf DIN A3 ***in geeignetem Raster***.

2. Vergrößern Sie dieses Kundenbild ebenfalls und platzieren Sie es gezielt auf der Schiebetür der rechten Seite des Transporters (einschließlich Fenster).

3. Der Text zur Schriftgestaltung lautet: Sporthaus Grüner
Gestalten Sie am PC in Word mit „Texteffekte“ der oberen Taskleiste den Schriftzug in ausreichender Größe und *übertragen* Sie ihn auf Schablonierfolie bzw. -karton. *Stechen* Sie *ihn aus* und *stupfen* Sie ihn auf Ihren Transporter auf A3 *im Kontrast zur Wagenfarbe* an geeigneter Position.

Datum:
Name: Vorname: Klasse/Gruppe

Datum:
Name: Vorname: Klasse/Gruppe

4. An der Fahrertür muss noch ein Großbuchstabe erneuert werden. Es ist ein **A** kaum noch zu erkennen. Das Verhältnis von Großbuchstabenhöhe (Versalhöhe oder Zeilenhöhe) und Kleinbuchstabenhöhe (Minuskel oder Zwischenzeilenhöhe) beträgt nach dem Goldenen Schnitt 5 : 3.
Berechnen Sie die ***Versalhöhe*** h_V ***des A***, wenn die Höhe der nachfolgenden Kleinbuchstaben 58 mm beträgt.

Lösung:

$h_V =$

5. Das **N** im Bild bleibt als Farbfolienbuchstabe nach dem Entgittern übrig.
Wie viel % Verschnitt $p_{Verschnitt}$ gibt es?

Die Maße sind:

- Balkenbreite $b_{Balken} = 3$ cm
- Versalhöhe $h = 17$ cm
- Buchstabenbreite $b_{Buchstabe} = 14$ cm
- Rahmen: $B = 24$ cm, $H = 36$ cm hoch

Lösung:

$$p_{Verschnitt} = \frac{A_{Verschnitt}}{A_{Rahmen}} \cdot 100\ \%$$

$p_{Verschnitt} =$

Nebenrechnungen:

$A_{Verschnitt} = A_{Rahmen} - A_N =$

$A_{Rahmen} =$

Fläche A_N des Buchstabens N:

$A_N =$

Datum:
Name: Vorname: Klasse/Gruppe

6. ***Welchen Kontrast*** haben Sie bei der Fahrzeuggestaltung gewählt?
   Antwort:

7. a) Welche ***Farbempfindungen*** hat man im europäischen Kulturkreis ***beim Anblick der Farbe Blau***?
   Blau empfindet man

   b) Welche ***RAL-Nummer*** hat ***Signalrot*** für Verkehrs-, Sicherheits- und Brandschutzzeichen?
   RAL-Nummer für Signalrot:
   RAL

8. Mit welchen ***Merkmalen*** sind ***bunte Farben*** und ***unbunte Farben*** ausgestattet?
   - bunte Farben:
   - unbunte Farben:

9. Welche Farbtöne findet man im Farbregister ***RAL 840 HR in der Reihe 3000 bis 3027***?
   Dort findet man die

10. Wie lautet die ***Regel zum Farbenmischen*** und was nimmt bei Zugabe von unbunten Farbtönen zu den reinen Farbtönen generell ab?
   Man mischt immer
   Bei Zugabe von unbunten Farbtönen nimmt

11. Was haben Sie getan, um den hellen Farbton ***„Beigegelb" zu erhalten***?
   Ich habe

Datum:
Name: Vorname: Klasse/Gruppe

Lernfeld 5: Erstbeschichtungen ausführen

5.1 Lackbestandteile

Arbeiten Sie mit dem Lehrbuch „Fahrzeuglackierer" vom Verlag Handwerk und Technik, Kap. 5.2 und mit dem Tabellenbuch „Farbe – Raum (Tabellen und Fakten)" vom Verlag Handwerk und Technik, Kap. „Werkstoffe".

1. Woraus bestehen ***Anstrichstoffe***?

Anstrichstoffe bestehen aus:

- Bindemittel
-
-
-
-

2. Welche ***Aufgaben*** haben die zwei Hauptbestandteile ***Bindemittel und Farbmittel***?

Aufgaben des Bindemittels	Aufgaben des Farbmittels
• soll Adhäsion am Untergrund und Kohäsion im Anstrichfilm gewährleisten	• ist verantwortlich für den Farbton und für die Deckkraft
•	•
•	•
•	•
•	•
	•

Datum:
Name: Vorname: Klasse/Gruppe

3. Vervollständigen Sie die Tabelle:
   - ***Welche Bindemittel*** finden ***in der Fahrzeuglackierung*** Anwendung?
   - Welche Eigenschaften haben sie?
   - Wo speziell werden sie verwendet?

   Benutzen Sie die Abkürzungen UP, EP, AY und PUR.

Bindemittel	Abkürzung	Eigenschaften	Verwendung
	UP		
Epoxidharz			
		mechanisch hoch beanspruchbar, gute Haftfähigkeit, feuchtigkeitshärtend, hinreichend elastisch	
			2-K-Klarlacke, Uni- und Metallic-Basislacke, Wasserbasislacke

4. ***Was zeichnet ein Lösemittel aus***? Nennen Sie zwei wichtige Eigenschaften und zwei Beispiele für organische Lösemittel.

   Eigenschaften von organischen Lösemitteln:
   -
   -
   -

   Beispiele für organische Lösemittel:
   -
   -

5. Das einzige anorganische Lösemittel ist ______.
   Was sind seine ***Vorteile***?

   Vorteile dieses anorganischen Lösemittels:
   -
   -
   -

6. Was verstehen Sie unter der ***Verdunstungszahl eines Lösemittels***?

   Die Verdunstungszahl gibt an,

Datum:
Name: Vorname: Klasse/Gruppe

7. Geben Sie die ***Gruppen von Lösemitteln*** nach der Verdunstungszahl *VZ* an.

VZ	Lösemittel	*VZ*	Lösemittel
		> 35 … 50	
	mittlere Flüchtigkeit		

8. Nennen Sie ***vier synthetische Pigmente***, davon ein Weißpigment und drei Buntpigmente.

Weißpigment	Buntpigmente
	• • •

9. Wozu dienen ***Trockenstoffe*** (Sikkative) und ***Verlaufmittel***?

Sikkative:
Verlaufmittel:

10. Was bezeichnet die Angabe ***VOC***?

VOC (volatil organic compounds) bezeichnet

11. Was ist der ***Festkörpergehalt*** eines Lackes?

Der Festkörpergehalt ist

12. Wie unterscheiden sich ***Materialverbrauch und Ergiebigkeit***?

Der Materialverbrauch
Die Ergiebigkeit

13. Bei welchen Lacken wird das Mischungsverhältnis ***nicht*** in den Materialdatenblättern oder in den technischen Richtlinien angegeben?

Das Mischungsverhältnis wird nicht angegeben bei

Datum:
Name: Vorname: Klasse/Gruppe

5.2 Lacke und Füller

Arbeiten Sie mit dem Lehrbuch „Fahrzeuglackierer" vom Verlag Handwerk und Technik, Kap. 5.3, sowie mit dem Tabellenbuch „Farbe – Raum" vom selben Verlag, Kap. 2 „Beschichtungsstoffe".

1. Welche ***Aufgaben*** haben ***Füller und Grundierfüller***?

   Füller:

   Grundierfüller:

2. Welche ***Lacke*** unterscheidet man ***nach Art des Lösemittels***?

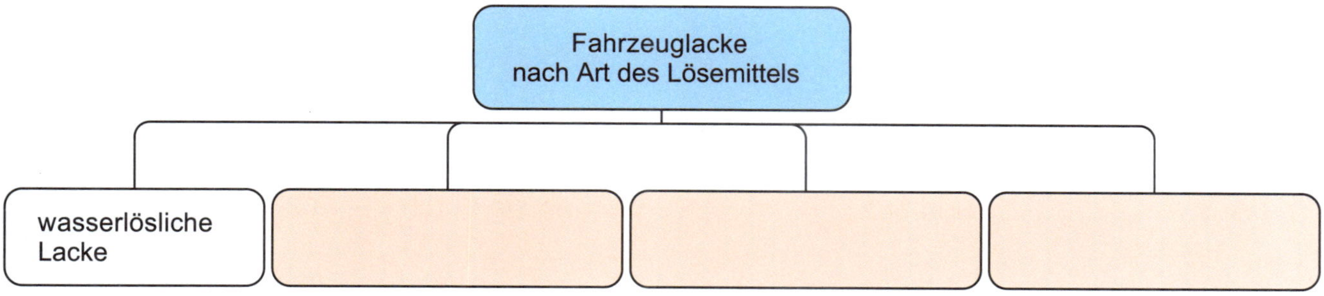

3. Was zeichnet ***Pulverlacke*** aus?

   Pulverlacke
   -
   -
   -
   -

4. Wie kann man ***lösemittellöslichen Lack*** unterteilen? Nennen Sie zu jeder Gruppe zwei Beispiele.

Lösemittellösliche Lacke	**Beispiele**
	Alkydharzlacke, Öllacke
reversible Lacke	
Sonstige irreversible Lacke	

Datum:
Name: Vorname: Klasse/Gruppe

5. Charakterisieren Sie die ***Polymerisatharzlacke***. Nennen Sie ***Abkürzungen*** für zwei Mischpolymerisatharzlacke.

Polymerisatharzlacke bestehen aus

Abkürzungen (Beispiele):

6. Was sind ***reversible Lacke***?

Reversible Lacke

7. Woraus werden ***ungesättigte Polyester*** hergestellt und wie nennt sich diese Herstellungsreaktion?

Aus ______ und aus ______ werden sie durch ______ hergestellt.

8. Nennen Sie die ***Kenndaten für Fahrzeuglack***.

Kenndaten für Fahrzeuglack	
•	•
•	•
•	•
•	•

Datum:
Name: Vorname: Klasse/Gruppe

5.3 Arbeiten mit Materialdatenblättern – Materialkenndaten

Arbeiten Sie mit dem Lehrbuch „Fahrzeuglackierer“ vom Verlag Handwerk, Kap. 5.4, sowie mit den Materialdatenblättern im Anschluss dieses Kapitels.

1. Welche ***Materialkenndaten*** sind zum Berechnen der Materialmenge den Materialdatenblättern zu entnehmen? Schreiben Sie diese in die nebenstehenden Felder und fügen Sie Pfeile an.

2-Komponenten-HS-Klarlack GRM-Autolacke

VOC-konformer High-Solid-Polyacrylatharz-Klarlack für die Ganz- und Teillackierung von Pkws und Nutzfahrzeugen.
Dieser HS-Klarlack zeichnet sich durch eine sehr gute Füllkraft, leichte Verarbeitung, schnelle Trocknung und gute Polierbarkeit aus. Er ist sehr gut beständig gegen Umwelt- und Witterungseinflüsse und ist ideal für alle lösemittelhaltigen Basislacke und Wasserbasis-Autolacke.

Ergiebigkeit:	8,55 m²/l			
Farbton:	transparent			
Mischungsverhältnis:	2 : 1 (Volumenanteile)			
Härter:	2-K-HS-Härter Klarlack vor dem Mischen sehr gut aufrühren			
Verdünnung:	10 % (max. 15 %)			
Spritzviskosität bei 20 °C	17–22 s DIN 4 mm			
Verarbeitung:	***Spritzdruck***	***Spritzdüse***	***Spritzgänge***	
HVLP-Pistole	2 bar	1,2–1,3 mm	2 (Nass-in-Nass)	
Fließbecher-Pistole	4–5 bar	1,2–1,3 mm	2 (Nass-in-Nass)	
Topfzeit (Potlife):	30–45 min (bei 20 °C)			
Trockenfilmschichtdicke:	50 µm			
Ablüftzeit:	6 min zwischen den Spritzgängen, 5 min vor der Kabinentrocknung			
Trocknung:	***überspritzbar***	***staubtrocken***	***grifffest***	***montagefest***
Objekttemp.: 20 °C	10 min	50 min	12 h	18 h
Objekttemp.: 60 °C	3–5 min	10 min	30 min	1,5–2 h
VOC:	Dieses Produkt enthält max. 400 g/l VOC			

Hinweise:

Lagerung: im verschlossenen Originalgebinde mindestens 2 Jahre lagerfähig
***Kennzeichnung*:** **VbF A II** lt. CLP-Verordnung, leicht entzündlich, Aerosole explosionsgefährlich

www.GRM-Lacke.de

Trockenfilmschichtdicke

Datum:
Name: Vorname: Klasse/Gruppe

2. Sie sollen eine Trockenfilmschichtdicke von 55 µm einheitlich auftragen und müssen mit einem Overspray von 58 % im Hochdruckverfahren rechnen.
Berechnen Sie die ***Mengen*** an Füller-Stammkomponente V_{St}, an Füllerhärter V_H und an Einstellzusatz V_V zum Füllern einer Beschichtungsfläche von 0,98 m^2.
Benutzen Sie das Materialdatenblatt ***2-K-HS-Füller*** im Anhang.

Lösung:
Umrechnung der Ergiebigkeit für 55 µm: E_{55} =

$V_{Mischung}$ =

V_V =

V_{St} =

V_H =

3. ***Welches*** Temperatur-Viskositäts-Diagramm ***ist richtig***?
Begründen Sie Ihre Antwort.

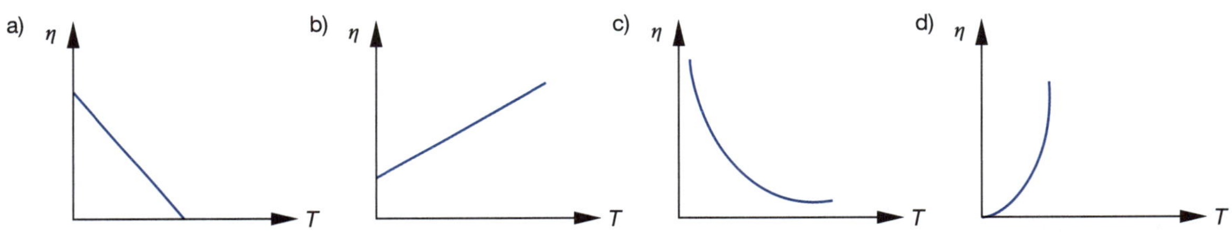

Richtig ist Diagramm
Begründung:

Datum:
Name: Vorname: Klasse/Gruppe

5.4 Beschichtungsstoffe trocknen

Arbeiten Sie mit dem Lehrbuch „Fahrzeuglackierer" vom Verlag Handwerk und Technik, Kap. 5.3.3 und Kap. 5.6, sowie mit dem Tabellenbuch Farbe – Raum (Tabellen und Fakten) vom selben Verlag, Kap. „Kunststoffe".

1. Welche ***Trocknungsarten*** werden unterschieden?

Lacktrocknung		
	gemischt	
• Lösemittelverdunstung • •	• •	• oxidative Trocknung • • •

2. Erklären Sie die ***Trocknung von Lacken, die Makromoleküle bilden***, und die ***Aushärtung von Einbrennlacken***.

Trocknung makromolekülbildender Lacke:

Einbrennlacke

3. Ein Nassfilm hat eine Schichtdicke von 112 µm. Aus dem Materialdatenblatt entnehmen Sie, dass der verwendete spritzfertige Lack einen organischen Lösemittelgehalt von 14,8 % hat.
Wie dick wird der Trockenfilm bei der Aushärtung?

Lösung:

4. Sie sollen eine Trockenfilmschichtdicke von 55 µm auftragen und wissen, dass der Füller nach dem Einstellen insgesamt 13,4 % Lösemittel enthält. ***Wie dick*** müssen Sie den ***Nassfilm*** spritzen?

Lösung:

Datum:
Name: Vornam: Klasse/Gruppe

5. Von welchen Lacken sind die ***Trockenfilme dicker als die Nassfilme*** und warum?

6. Wie kann man Lacke in der Fahrzeuglackiererei ***forciert trocknen***?

7. ***Warum*** werden v. a. UP-2-K-Spachtelstellen, aber auch Lacke und Füller, ***abgelüftet*** und können nicht sofort der Wärmetrocknung ausgesetzt werden?

8. Welche ***Trocknungsgrade*** werden unterschieden?
Was darf der Fahrzeuglackierer tun?

Trocknungsgrad	Fahrzeuglackierer darf	Trocknungsgrad	Fahrzeuglackierer darf
anziehend			Abklebungen entfernen
			schleifen

9. Was verstehen Sie unter ***Topfzeit*** (potlife)?
Hat diese Angabe etwas mit der Trocknung zu tun?
Topfzeit ist die Zeit, die

Datum:
Name: Vorname: Klasse/Gruppe

5.5 Lackierungen – das Arbeitsprodukt des Fahrzeuglackierers

Arbeiten Sie mit dem Lehrbuch „Fahrzeuglackierer" vom Verlag Handwerk und Technik Abschnitt 5.5.

1. Ordnen Sie den Lackierungen folgende ***Begriffe*** zu und schreiben Sie in die leeren Felder:
   - (klassische) Korrosionsschutzlackierung
   - Zweischichtlackierung
   - Metallic-Lackierung
   - Holzlackierung
   - Mattlackierung
   - Klarlackierung

Man unterscheidet Lackierungen nach	**Beispiel**
dem Zweck ihrer Applikation	
dem Glanzgrad	
	Holzlackierung
der Deckkraft	
dem Sehempfinden (Optik)	
der Anzahl der (über dem Füller) aufzutragenden Schichten	

2. Skizzieren Sie folgende Lackierungen ***als Schichtenfolge*** und benennen Sie die Schichten

klassische Korrosionsschutzlackierung

Pkw-Zwei-Schicht-Lackierung

Datum:
Name: Vornome: Klasse/Gruppe

3. ***Erklären*** Sie die ***Aufgaben der Schichten*** aus Aufgabe 2.

Schicht	**Aufgaben**
der klassische Korrosionsschutzlackierung	
Schlusslackschicht	
der Pkw-Zwei-Schicht-Lackierung	
Klarlackschicht	

4. ***Wie unterscheidet*** sich die Klarlackschicht der Pkw-Lackierung von der Schlusslack- oder Decklackschicht der klassischen Korrosionsschutzlackierung?

- Klarlack
- Schlusslack
- Bindemittel

5. ***In welche Lackschicht*** der Pkw-Lackierung werden Mattierungsmitteln und Pearlzusätzen hinzugefügt?

- Mattierungsmittel
- Pearlzusätze

6. ***Wie*** werden ***saugende*** und ***nicht saugende Untergründe*** vor der Lackierung ***grundiert*** und warum? Nennen Sie zwei saugende und zwei nicht saugende Untergründe an Fahrzeugen.

- Saugende Untergründe

  Beispiele:
- Nicht saugende Untergründe

  Beispiele:

Datum:
Name: Vorname: Klasse/Gruppe

5.6 Qualitätssicherung

Arbeiten Sie mit dem Lehrbuch „Fahrzeuglackierer“ vom Verlag Handwerk und Technik, Kap. 5.9.

1. ***Warum*** ist ***Qualitätssicherung*** vonseiten der Fahrzeuglackiererei unbedingt notwendig?

   Gute Qualität

2. ***Was bezwecken*** die Lackhersteller-Firmen mit ***Laboruntersuchungen und Langzeittests*** von Lacken?

   Lackhersteller-Firmen führen Langzeittests

   Laboruntersuchungen

3. ***Welche Prüfungen*** der Lackierungen kann man ***in der Lackierwerkstatt*** durchführen?

Zerstörungsfreie Prüfungen	Zerstörende Prüfungen

4. Erklären Sie:
   a) die ***Nassschichtdickenmessung mit dem Messkamm***

   b) die ***Trockenschichtdickenmessung mit dem Universalmessgerät***

Datum:
Name: Vorname: Klasse/Gruppe

5. Wie kann man die ***Deckkraft eines Basislackes*** prüfen?

Die Deckkraft eines Basislackes kann man prüfen, indem

6. Zur Qualitätssicherung trägt auch der Fahrzeuglackierer bei, indem er den zu lackierenden Untergrund in einen entsprechenden Zustand versetzt. ***Wie haben unverzinkte und verzinkte Eisenmetalle sowie Plastomere vor der Lackierung vorzuliegen?***

Unverzinkte Eisenmetalle	Verzinkte Eisenmetalle	Plastomere Kunststoffe
rostfrei, angeschliffen		

7. Was muss ein Fahrzeuglackierer ***unbedingt tun***, wenn er eine ***zerstörende Prüfung*** durchführen möchte?

8. Auch das Spritzgut muss vor der Lackierung entsprechend eingestellt werden.
   a) Wie ***messen*** Sie die ***Spritzviskosität des eingestellten Lackes***?

   b) Was müssen Sie tun, wenn der Lack zu dünnflüssig und wenn er zu dickflüssig ist?
   - Lack zu dünnflüssig:
   - Lack zu dickflüssig:

Datum:
Name: Vorname: Klasse/Gruppe

5.7 Erstbeschichtung einer neu zu montierenden Linienbustür

Arbeiten Sie mit dem Lehrbuch „Fahrzeuglackierer" vom Verlag Handwerk und Technik, Kap. 5.11.

Der Kundenauftrag lautet:

Eine mit Transportgrundierung (Rostschutzhaftgrund) lackierte Linienbustür soll komplett neu lackiert werden:

- *oben und innen mit PVC-Lack*
- *die untere Außenfläche mit 2-K-EP-Grundierfüller (hellgrau)*
- *anschließend in Busfarben mit Basislack*
- *zur Versiegelung mit 2-K-Klarlack spritzen*

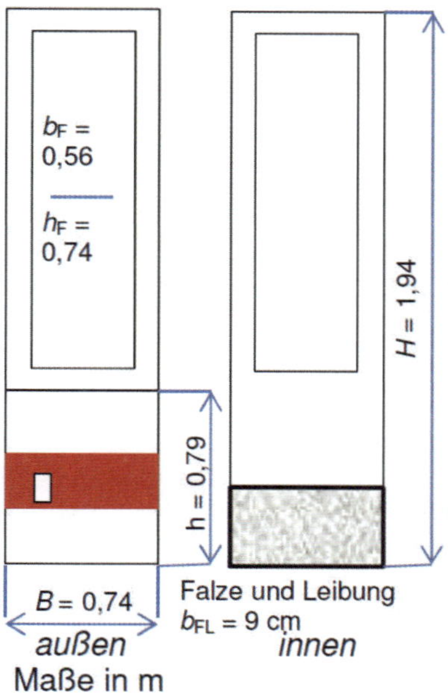

Beschreibung des Kundenauftrags:

Das linke vordere Bustürblatt muss ausgewechselt werden. Es wird mit Transportgrundierung angeliefert. Der obere Rahmen wird außen und die Innentürseite komplett (vor Einbau des Aluminium-Trittbeschlages) zweifach mit PVC-Lack grundiert. Die untere Türaußenfläche wird in den Busfarbtönen wie oben angegeben lackiert. Die Türfalze ringsum und Fensterlaibungen werden vor der Montage der Gummieinlagen und der Scheibe ebenfalls zweifach mit PVC-Lackierung versehen.

Datum:

Name: Vorname: Klasse/Gruppe

1. ***Berechnen Sie:***
   a) die ***Beschichtungsfläche*** $A_{B,\ PVC}$ für die Lackierung mit PVC-Lack
   b) die ***Beschichtungsfläche*** $A_{B,\ Busfarbe}$ für die Lackierung in Busfarben
   c) den ***Bedarf*** V_{PVC} an PVC-Lack, wenn die Materialverbrauchszahl $MV = 0{,}145\ l/m^2$ beträgt; Hinweis: Vernachlässigen Sie die kleine Metallklappe am Türschloss.
   d) den ***Materialpreis*** P_M, der im Kalkulationsschema zu verrechnen ist, wenn der Literpreis für PVC-Lack $P_{PVC} = 18{,}95$ €/l beträgt

Lösungen:

a) $A_{B,\ PVC} =$

b) $A_{B,\ Busfarbe} =$

c) $V_{PVC} =$

d) $P_M =$

2. Wie kann die ***Wagenfarbe*** im Vorfeld exakt ***bestimmt*** werden? Nennen Sie drei Möglichkeiten.

Man kann:

-
-
-

Datum:
Name: Vorname: Klasse/Gruppe

3. Berechnen Sie im PC-Raum den ***Kostenvoranschlag*** (= Rechnungspreis) für den Kunden mit folgenden Werten:

   Trockenfilmschichtdicken:
   - 2-K-EP-Grundierfüller $d_T = 42\,\mu m$
   - konventioneller 2-K-Autolack $d_T = 56\,\mu m$
   - 2-K-Klarlack $d_T = 65\,\mu m$

   Verdünnungsgrade:
   - 2-K-EP-Grundierfüller 12 %
   - 2-K-Autolack 9,5 %
   - 2-K-Klarlack 11 %

   Literpreise:
   - Grundierfüller-Stammkomponente $P = 18{,}49$ €/l
   - Füllerhärter $P = 22{,}98$ €/l
   - Autolack-Stammkomponente $P = 28{,}98$ €/l
   - Klarlack-Stammkomponente $P = 26{,}49$ €/l
   - Lackhärter $P = 25{,}99$ €/l
   - Einstellzusatz $P = 12{,}99$ €/l

   Kalkulieren Sie sowohl beim Material- als auch beim Lohnpreis mit:
   - 7,3 % materialabhängigen Gemeinkosten
   - 212,5 % lohnabhängigen Gemeinkosten
   - 4,5 % Schütt- und Schwundverlust
   - 24,5 % Gewinn und Wagnis
   - Der Arbeitswert AW wird mit 7,56 €/AW angesetzt

   Speichern Sie in einer Kundendatei „M.Mustermann“ auf ihrer Festplatte ab.

Datum:
Name: Vorname: Klasse/Gruppe

4. Berechnen Sie für die Beschichtungsfläche $A_{B,\ Busfarbe}$ aus Aufgabe 1 den zu ***verrechnenden Materialpreis*** P_M für Wasserbasislack mit folgenden Angaben:
   - Overspray 60 % im HD-Verfahren
   - Literpreise: Wasserbasislack $P = 23{,}89$ €/l
     Einstellzusatz (wässrig) $P = 6{,}49$ €/l

   Hinweise:
   - Nutzen Sie das Materialdatenblatt im Anhang.
   - Rechnen Sie in folgenden Schritten:
     - Menge der Mischung V_{Misch}
     - Menge des Wasserbasislacks V_{Wbl} und Menge des Einstellzusatzes V_{Ez}
     - Preis des Wasserbasislacks P_{Wbl} und Preis des Einstellzusatzes P_{Ez}
     - Materialpreis P_M

Geg.: $A_{B,\ Busfarbe} = 0{,}58\ m^2$
$OS = 60\ \%$
$E =$
Verd. =
$P = 23{,}89\ \frac{€}{l}$ für Wasserbasislack
$P = 6{,}49\ \frac{€}{l}$ für Einstellzusatz

Ges.: P_M

Lösung:

$V_{Misch} =$

$V_{Wbl} : 100\ \% =$

$V_{Ez} =$

$P_{Wbl} =$

$P_{Ez} =$

$P_M = P_{Wbl} + P_{Ez}$
$=$

Datum:
Name: Vorname: Klasse/Gruppe

5. ***Notieren*** Sie am PC in einer ***Schrittfolgetabelle in Word*** die Arbeitsschritte, notwendige Flüssigmaterialien mit Literangabe sowie sonstige Materialien, die benötigten Arbeitsmittel und begründen Sie den jeweiligen Arbeitsschritt.

6. ***Wie entsorgt man was?*** Schreiben Sie eine ***Word-Datei*** in Tabellenform. Speichern Sie diese auf Ihrem Account ab.

   Drucken Sie im PC-Raum aus:

   - die zu den Aufgaben 5 und 6 ausgearbeiteten Dateien aus Ihrem Datei-Verzeichnis
   - die Kundenrechnung

   Heften Sie bei der Abgabe beides an dieses Arbeitsblatt.

7. Zum ***Kostenvoranschlag einer Fahrzeuglackiererei:***
   a) Was muss eine Fahrzeuglackiererei dem Kunden anbieten, wenn ein Kostenvoranschlag ***zu niedrig angesetzt*** war und sich Bedingungen unvorhersehbar verändert haben?
   Wählen Sie aus:

   A: eine Regresszahlung

   B: einen Bonus

   C: ein Nachtragsangebot

   D: ein Skonto

   Richtig ist Antwort ______.

   b) Wer trägt die ***Mehrkosten***, wenn der Kunde nicht darauf eingeht?

   Wenn der Kunde nicht darauf eingeht, trägt die Mehrkosten ______.

	Datum: Name: Vorname: Klasse/Gruppe

2-Komponenten-HS-Klarlack

GRM-Autolacke

VOC-konformer High-Solid-Polyacrylatharz-Klarlack für die Ganz- und Teillackierung von Pkws und Nutzfahrzeugen.
Dieser HS-Klarlack zeichnet sich durch eine sehr gute Füllkraft, leichte Verarbeitung, schnelle Trocknung und gute Polierbarkeit aus. Er ist sehr gut beständig gegen Umwelt- und Witterungseinflüsse und ist ideal für alle lösemittelhaltigen Basislacke und Wasserbasis-Autolacke.

Ergiebigkeit:	8,55 m²/l			
Farbton:	transparent			
Mischungsverhältnis:	2 : 1 (Volumenanteile)			
Härter:	2-K-HS-Härter Klarlack vor dem Mischen sehr gut aufrühren			
Verdünnung:	10 % (max. 15 %)			
Spritzviskosität bei 20 °C	17–22 s DIN 4 mm			
Verarbeitung:	***Spritzdruck***	***Spritzdüse***	***Spritzgänge***	
HVLP-Pistole	2 bar	1,2–1,3 mm	2 (Nass-in-Nass)	
Fließbecher-Pistole	4–5 bar	1,2–1,3 mm	2 (Nass-in-Nass)	
Topfzeit (Potlife):	30–45 min (bei 20 °C)			
Trockenfilmschichtdicke:	50 µm			
Ablüftzeit:	6 min zwischen den Spritzgängen, 5 min vor der Kabinentrocknung			
Trocknung:	***überspritzbar***	***staubtrocken***	***grifffest***	***montagefest***
Objekttemp.: 20 °C	10 min	50 min	12 h	18 h
Objekttemp.: 60 °C	3–5 min	10 min	30 min	1,5–2 h
VOC:	Dieses Produkt enthält max. 400 g/l VOC			

Hinweise:

***Lagerung*:** im verschlossenen Originalgebinde mindestens 2 Jahre lagerfähig
***Kennzeichnung*: VbF A II** lt. CLP-Verordnung, leicht entzündlich, Aerosole explosionsgefährlich

www.GRM-Lacke.de

Datum:
Name: Vorname: Klasse/Gruppe

2-Komponenten-MS-Basislack

GRM-Autolacke

VOC-konformer High-Solid-Polyacrylatharz/Polyurethan-Basislack für die Ganz- und Teillackierung von Pkws und Nutzfahrzeugen und anderen Lackierobjekten sowie für die Reparaturlackierung als Ein- oder Zweischichter.
Die Wetterbeständigkeit sowie die hohe Belastbarkeit gegenüber mechanischen und chemischen Einflüssen zeichnen diesen hochwertigen und hochglänzenden 2-K-MS-Autolack aus. Er verfügt über eine dauerhafte Glanzhaltung und ist zudem stoß-, schlag- und kratzfest, sowie widerstandsfähig gegen Benzin, Fette und Säuren, Laugen in geringer Konzentration.

Vorbereitung:	gut aufrühren, Farbton prüfen, durch Lacksieb in Pistole geben. Untergrund mit Silikonentferner gründlich reinigen und entfetten.
Ergiebigkeit:	7,75 m²/l
Farbton:	Alle Farbtöne mischbar laut Herstellerfarbfächer in Unifarben und Metallicfarbtönen, Pearlzusätze möglich
Mischungsverhältnis:	2 : 1 (Volumenanteile)
Härter:	2-K-Lack-Härter Farbton vor dem Einstellen sehr gut aufrühren
Verdünnung:	5 % (max. 10 %)
Spritzviskosität bei 20 °C	18–20 s DIN 4 mm

Verarbeitung:	***Spritzdruck***	***Spritzdüse***	***Spritzgänge***
HVLP-Pistole	2–2,5 bar	1,2–1,3 mm	2
Fließbecher-Pistole	4–5 bar	1,2–1,4 mm	2

Topfzeit (Potlife):	1–2 h (bei 20 °C)
Trockenfilmschichtdicke:	40 µm
Ablüftzeit:	5–10 min zwischen den Spritzgängen

Trocknung:	***überspritzbar***	***staubtrocken***	***grifffest***	***montagefest***
Objekttemp.: 20 °C	10 min	30–40 min	6–7 h	2–3 Tage
60 °C	5 min	10 min	30 min	2 h

VOC: ***Festkörpergehalt:***	Dieses Produkt enthält max. 410–520 g/l VOC 47–68 Masse%

Hinweise: Vollständige Aushärtung nach 3–4 Tagen erreicht (bei 20 °C).

Lagerung: im verschlossenen Originalgebinde mindestens 2 Jahre lagerfähig
***Kennzeichnung*: VbF A II** lt. CLP-Verordnung, leicht entzündlich, Aerosole explosionsgefährlich

www.GRM-Lacke.de

Datum:
Name: Vorname: Klasse/Gruppe

2-Komponenten-HS-Füller

GRM-Autolacke

Dieser 2-Komponenten-HS-Füller ist für die Pkw-Ganz- oder -Teillackierung geeignet, erreicht ausgezeichnete Haftung auf verschiedenen Untergründen. Der 2-K-HS-Füller zeichnet sich durch einfache und sichere Verarbeitung, eine hervorragende Füllkraft und nach der Trocknung durch hohe mechanische Festigkeit bei sehr guter Schleifbarkeit und gutem Decklackstand aus. Nass-in-Nass lackierbar.

Ergiebigkeit:	5,50 m²/l
Farbton:	weiß, schwarz und hellgrau
Mischungsverhältnis:	4 : 1 (Volumenanteile)
Härter:	2-K-Füllerhärter Stammkomponente vor dem Mischen sehr gut aufrühren
Verdünnung:	5 % (max. 10 %)
Spritzviskosität bei 20 °C	28–30 s DIN 4 mm

Verarbeitung:	***Spritzdruck***	***Spritzdüse***	***Spritzgänge***
HVLP-Pistole	2 bar	1,6–1,9 mm	1,5–2
Fließbecher-Pistole	2–3 bar	1,7–1,9 mm	1,5–2

Topfzeit (Potlife):	1 h (bei 20 °C)
Trockenfilmschichtdicke:	70 µm
Ablüftzeit:	2–3 min zwischen den Spritzgängen, 5–15 min vor der IR-Trocknung

Trocknung:	***überspritzbar***	***staubtrocken***	***grifffest***	***schleifbar***
Objekttemp. 20 °C	90 min	2 h	2,5 h	3–4 h
Objekttemp. 60 °C	30 min	45 min	1 h	1,5 h

VOC:	Dieses Produkt enthält max. 150 g/l VOC

Hinweise: Anschliff mit P280–P320, Nachschliff P400

Lagerung: im verschlossenen Originalgebinde mindestens 2 Jahre lagerfähig
***Kennzeichnung*:** **Stammfüller, Härter** ***VbF* A II** lt. CLP-Verordnung, entzündlich, Haut reizend
Einstellzusatz ***VbF* A I** lt. CLP-Verordnung, hoch entzündlich, Aerosole explosionsgefährlich

www.GRM-Lacke.de

Datum:
Name: Vorname: Klasse/Gruppe

Kunststoff-Haftprimer

GRM-Autolacke

Kunststoff Grundierung für höchste Ansprüche bezüglich Haftung und Langlebigkeit von Kunststoff-Lackierungen. Für viele Kunststoffe geeignet: ABS, EP-Laminat, PA, PBTP, PC, POM, PUR hart, PUR weich, PVC.

Ergiebigkeit:	9,25 m^2/l			
Farbton:	transparent			
Mischungsverhältnis:	Produkt ist spritzfertig			
Härter:	entfällt			
Verdünnung:	entfällt			
Spritzviskosität bei 20 °C	12–15 s DIN 4 mm			
Verarbeitung:	***Spritzdruck***	***Spritzdüse***	***Spritzgänge***	
HVLP-Pistole	nicht geeignet	-	-	
Fließbecher-Pistole	3,5 bar	1,2–1,3 mm	1 (Nass-in-Nass weiter auftragen)	
Topfzeit (Potlife):	entfällt			
Trockenfilmschichtdicke:	3–5 µm			
Ablüftzeit:	10 min, dann weiter arbeiten mit Füller			
Trocknung:	***überspritzbar***	***staubtrocken***	***grifffest***	***montagefest***
Objekttemp. 20 °C	10 min	-	-	-
VOC:	dieses Produkt enthält max. 835 g/l VOC			

Hinweise:

Lagerung: im verschlossenen Originalgebinde mindestens 2 Jahre lagerfähig
Kennzeichnung: **VbF A I** lt. CLP-Verordnung, hoch entzündlich, Aerosole stark explosionsgefährlich

www.GRM-Lacke.de

Datum:
Name: Vorname: Klasse/Gruppe

MS-Wasserbasislack

GRM-Autolacke

VOC-konformer Medium-Solid-Polyacrylatharz/Polyurethan-Lack für die Ganz- und Teillackierung von Pkws und Nutzfahrzeugen sowie für andere Lackierobjekte. Er ist sehr gut für die Reparaturlackierung geeignet. Dieser Wasserbasislack zeichnet sich durch eine sehr gute Deckfähigkeit, leichte Verarbeitung und schnelle Trocknung aus. Er ist sehr gut beständig gegen Umwelt- und Witterungseinflüsse und optimal für alle 1-K- und 2-K-Füller, Pearlzusätze möglich.

Vorbehandlung:	Auf nicht lösemittelempfindliche alte Lackierungen 2-K-HS-Füller hellgrau auftragen. Alte thermoplastische und lösemittelempfindliche Lackierungen vollständig entfernen. Den Füller durchtrocknen lassen und wie folgt schleifen: **Nass schleifen: mit P600–P800 Schleifpapier nachschleifen** **Trocken schleifen: mit P400 Schleifpapier nachschleifen**
Ergiebigkeit:	8,00 m^2/l
Farbton:	alle Farbtöne laut Farbfächer unifarben und metallic
Mischungsverhältnis:	entfällt
Härter:	entfällt
Verdünnung:	5 % (max. 10 %) Einstellzusatz (wässrig)
Spritzviskosität bei 20 °C	24–26 s DIN 4 mm

Verarbeitung:	***Spritzdruck***	***Spritzdüse***	***Spritzgänge***
HVLP-Pistole	2,5 bar	1,3 mm	2 (2. Gang deckend)
Fließbecher-Pistole	3,5–4 bar	1,3–1,4 mm	2 (2. Gang deckend)

Überlackieren	MS Klarlack oder HS Klarlack, Abdunstzeit vor der Klarlackauftragung bei 20 °C: von 20–30 min bis 24 h
Topfzeit (Potlife):	Entfällt, angerührter Lack maximal abgedeckelt 28 Tage haltbar
Trockenfilmschichtdicke:	30 µm
Ablüftzeit:	5 min zwischen den Spritzgängen, 8 min vor der Kabinentrocknung

Trocknung:	***überspritzbar***	***staubtrocken***	***grifffest***	***montagefest***
Objekttemp. 20 °C	30 min	1,5 h	6 h	18 h
Objekttemp. 60 °C	10 min	30 min	1,5–2 h	6 h

VOC:	dieses Produkt enthält max. 250–430 g/l VOC
Festkörpergehalt:	19–23 Masse-%

Hinweise:

Lagerung: im verschlossenen Originalgebinde mindestens 2 Jahre lagerfähig
Kennzeichnung: **keine VbF lt.** CLP-Verordnung, Achtung: atemwegsgefährdend

Datum:
Name: Vorname: Klasse/Gruppe

Lernfeld 6: Instandsetzungsmaßnahmen durchführen

6.1 Fahrzeuge – Formen und Typen

Arbeiten Sie mit dem Lehrbuch „Fahrzeuglackierer" vom Verlag Handwerk und Technik Kap. 13.1, sowie mit dem Lehrbuch „Karosserie- und Fahrzeugbaumechaniker" vom selben Verlag, Kap. 1. und Kap. 13.4.

1. Nach DIN 70 010 werden alle ***Straßenfahrzeuge*** systematisch geordnet.

   a) In welche drei Hauptgruppen unterteilt man sie?

   Hauptgruppen der Straßenfahrzeuge nach DIN 70 010:
   -
   -
   -

   b) Was verstehen Sie unter einer ***Fahrzeugkombination***?

   Eine Fahrzeugkombination ist

   .

   c) ***Kraftfahrzeuge*** werden ***eingeteilt*** in:

   Kraftfahrzeuge werden nach DIN 70 010 eingeteilt in:
   -
   -

   d) Definieren Sie den Begriff ***Personenkraftwagen (Pkw)***.

   Ein Pkw ist

   e) Nennen Sie drei ***Zugmaschinen***.

   Zugmaschinen:
   -
   -
   -

2. Welche ***Arten von Pkws*** werden unterschieden?

   Arten von Pkws:
   - Pullman-Limousine
   - Spezial-Pkw
   -
   -
   -
   -
   -
   -
   -

Datum:
Name: Vorname: Klasse/Gruppe

3. Welche ***Heckformen*** kann ein Pkw haben?
   Unterstreichen Sie die ***Heckform des Kombis***.

   Das Heck von Pkws kann folgende Formen haben:
   -
   -
   -

4. Was verstehen Sie unter einem ***Coupé***?

   Ein Coupé ist .

5. Skizzieren Sie ein ***Cabriolet*** und einen Pkw mit ***Wannenform.***

Cabriolet
Wannenform

Datum:
Name: Vornome: Klasse/Gruppe

6. ***Wer*** hat das ***Automobil erfunden und wann wurde es als Patent angemeldet***?

Das Automobil wurde von erfunden.
Es wurde im Jahr als Patent angemeldet.

7. ***In welchem Zeitraum*** wurde in Deutschland von den Automobilwerken die ***Buckelform*** hergestellt?

Pkws in Buckelform wurden hergestellt von bis .

8. ***Womit*** wurde beim Karosseriebau mit ***Holzrahmen*** bzw. Holzskelett das Holz vom Karosserieklempner (Spengler) ***beschlagen***?

Das Holz wurde mit beschlagen.

9. Nennen Sie die ***vier sächsischen Autohersteller***, die sich 1932 zum ersten deutschen Autokonzern, der ***Auto Union AG***, zusammenschlossen.

Der Autokonzern Autounion entstand durch den Zusammenschluss folgender Autohersteller:

- Wanderer-Werke
-
-
-

10. Welche Merkmale besitzt eine Sicherheitskarosserie?

Bei einer Sicherheitskarosserie

-
-
-
-

Datum:
Name: Vorname: Klasse/Gruppe

6.2 Funktion von Fahrzeugbauteilen

Arbeiten Sie mit dem Lehrbuch „Karosserie- und Fahrzeugbaumechaniker" vom Verlag Handwerk und Technik, Kap. 13.4.

1. Lesen Sie folgende Textpassagen und ***sortieren Sie folgende Begriffe in die Überschriften*** und in den Text richtig ein:
   - Skelettbauweise
   - selbsttragende Karosserie

Wenn Fahrgestell und Aufbau eines Kraftfahrzeugs sich, eingepasst, mittels Verschraubung zu einer Einheit zusammenfassen lassen („Hochzeit" genannt), spricht man von einer ______ *Karosserie, auch Schalenbauweise oder Monocoque genannt. Beplankungen, Verstärkungen, Aufnahmebleche und Profile sind bei dieser Konstruktionsart mit unterschiedlichen Fügetechniken (Kleben, Punkt- und Laserschweißen oder Löten) unlösbar miteinander verbunden.*
Allein d i e s e Struktur übernimmt die tragende Funktion. Alle Teile wirken statisch als Schalen und nehmen in ihrer ***Gesamtheit*** *die eingeleiteten Kräfte auf.*
Die Steifigkeit wird hierbei durch die kompakte Blechhaut und Bleche mit hohlem, möglichst großem Querschnitt erreicht, denn sie haben ein großes Widerstandsmoment (z. B. Schweller). Sicken erhöhen die Steifigkeit und die Eigenschwingungsfrequenz, um Resonanz und damit ein Dröhnen zu verhindern. Der Lancia Lambda von 1922 war das erste Auto mit ______ *Karosserie.*

Diese Karosseriebauart hat ein Gerippe aus geschlossenen Hohlprofilen, die direkt oder über Knoten miteinander verbunden sind. Bauteile mit gewölbten Flächen, wie das Dach oder die Windschutzscheibe, können steif mit dem Skelett verbunden sein und dadurch Schubkräfte aufnehmen. Man verspricht sich dadurch eine hohe Steifigkeit bei geringer Masse.
Beispiele dafür sind Audi A8 und Audi A2.

2. Eine Karosseriebauweise bleibt übrig; dazu folgender Text:
   Das Fahrgestell bildet ein Grundgerüst, das sowohl den Antrieb als auch die Karosserie und die Nutzlast trägt und auch gegen äußere Krafteinwirkungen stabilisiert.
   Wie heißt diese ***Bauweise***?
   Welche Fahrzeuge werden heute ***noch so gebaut?***
   Diese Bauweise heißt ______.
   Man findet diese Bauweise bei folgenden Fahrzeugen:
   -
   -
   -
   -

Datum:
Name: Vorname: Klasse/Gruppe

3. Geben Sie im oberen Bild mit Pfeilen → an, welche Karosserieteile ***nicht*** zur selbsttragenden Karosserie gehören.

Heckklappe

Schweller

Räder

Seitenaufpallträger

Radkasten

Stoßfänger (hinten)

4. Beschriften Sie im unteren Bild ***die Bestandteile der selbsttragenden Karosserie***.

Federbein

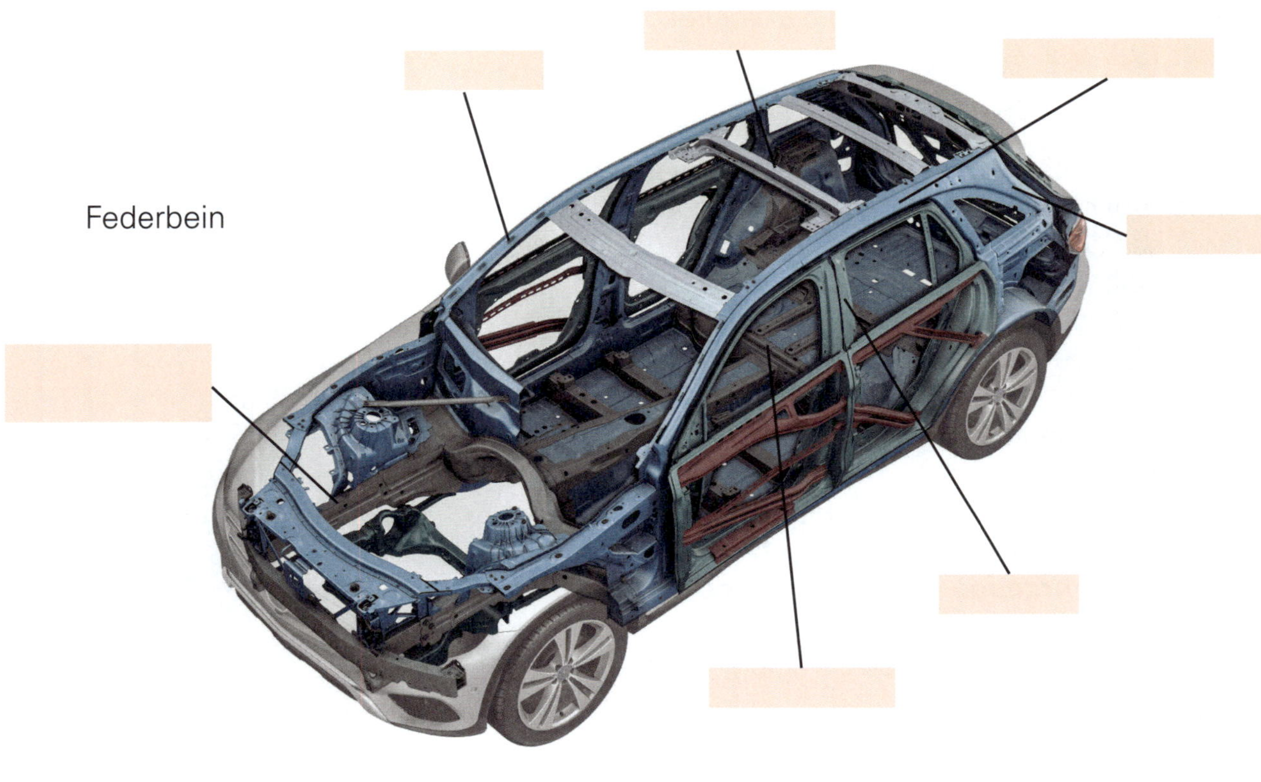

5. Das Federbein gehört ebenfalls zur selbsttragenden Karosserie.
   Wohin gehört es? (Pfeilangabe)

Datum:

Name: Vorname: Klasse/Gruppe

6.3 Montage und Demontage von Bauelementen

Arbeiten Sie mit dem Lehrbuch „Fahrzeuglackierer" vom Verlag Handwerk und Technik, Kap. 6.2.1.5 und Kap. 6.2.2.

1. Welche ***Verbindungsarten*** werden nach DIN 8580 und DIN 8593 unterschieden?
   - Ergänzen Sie die fehlenden Verbindungsarten und Beispiele.
   - Unterstreichen sie die lösbaren Verbindungen grün und die unlösbaren Verbindungen rot.

Formschlüssige Verbindungen:
- Stiftverbindung
-
-

Verbindungen
- Schraubenverbindung
-
-

Verbindungen
- Nietverbindung
-
-

Verbindungen
- Schweißverbindung
-
-

2. ***Definieren*** Sie den Begriff „***Schraubenverbindung***" und nennen sie Ihre ***Arten***.

Bei einer Schraubenverbindung wird

Arten von Schraubenverbindungen:
-
-
-

3. Was verstehen sie unter ***Spaltmaß***?

Das Spaltmaß ist

4. ***Ergänzen*** Sie folgenden Satz:

Je fester die Schrauben beim Anschrauben ______ werden, umso mehr werden sie ______.

Datum:
Name: Vorname: Klasse/Gruppe

5. ***Welche Kräfte*** treten ***an*** einer ***Schraubenverbindung*** auf?

Kräfte an einer Schraubenverbindung:

- Vorspannkraft
-
-
-

6. Welche ***Schrauben*** unterscheidet man nach ihrer ***geometrischen Grundform***?

Schrauben nach ihrer geometrischen Grundform:

- Radschraube
- Verschlussschrauben
- Rändelschrauben
-
-
-
-
-
-

7. Welche ***Gewindearten*** unterscheidet man?

-
-
-

8. Nennen Sie ***vier Schraubensicherungen*** und erklären Sie, ***wozu Unterlegscheiben*** dienen.

Federring,
Unterlegscheiben dienen dazu,

9. ***An welchen Fahrzeugen*** gibt es die ***Schrumpf- (oder Quer-Press-)Verbindung*** und ***wo*** genau?

Schrumpfverbindungen werden

angewendet.

Arbeitsschritte:

-
-
-

Datum:
Name: Vorname: Klasse/Gruppe

6.4 Füge- und Trenntechniken

Arbeiten Sie mit dem Lehrbuch „Fahrzeuglackierer“ vom Verlag Handwerk und Technik, Kap. 6.2.2.2, sowie mit dem Lehrbuch „Karosserie- und Fahrzeugbaumechaniker“ vom selben Verlag, Kap. 2.9.2.

1. Worin besteht der ***Unterschied zwischen den Elektroschweißarten*** „Widerstandspressschweißen“ und „Schutzgasschweißen“?

   Widerstandspressschweißen:

   Schutzgasschweißen:

2. Wie heißen die ***Verbindungsmittel beim Löten und Kleben***?

   Verbindungsmittel sind
   - beim Löten:
   - beim Kleben:

3. Wovon hängt die ***Klebkraft*** vor allem ab?

   Die Klebkraft hängt vor allem ab von:
   -
   -

4. Was verstehen Sie unter ***Aktivierkleben***?

   Beim Aktivierkleben

5. Wozu dient ein ***Flussmittel beim Löten***? Nennen sie die Flussmittel beim Weich- und beim Hartlöten.

   Ein Flussmittel dient

   Flussmittel beim Weichlöten sind
   Flussmittel beim Hartlöten

Datum:
Name: Vorname: Klasse/Gruppe

6. Welche ***Maßnahmen*** sind ***beim Arbeiten mit organischen Klebstoffen*** zu ergreifen?

Technisch organisatorische Maßnahmen:

-
-
-
-
-
-
-
-

Persönliche Schutzmaßnahmen

-
-
-
-

7. Wie kann man ***korrodierte Schraubenverbindungen trennen***?

Um korrodierte Schraubenverbindungen zu trennen, kann man:

-
-
-

8. Nennen Sie ***zwei geeignete Arbeitsmittel*** zum Auftrennen von verzinktem Stahlblech?

Verzinktes Stahlblech kann aufgetrennt werden mit:

-
-

Datum:
Name: Vorname: Klasse/Gruppe

6.5 Umform- und Ausbeultechniken

Arbeiten Sie mit dem Lehrbuch „Fahrzeuglackierer“ vom Verlag Handwerk und Technik, Kap. 6.3.

1. Was versteht man unter ***Umformen in der Metalltechnik***?

   Umformen ist

2. Interpretieren Sie das ***Spannungs-Dehnungs-Diagramm*** von Stahl, indem Sie auf diese Begriffe eingehen:

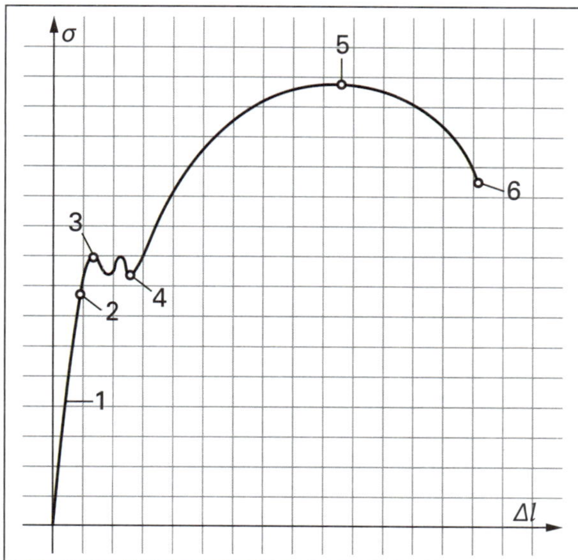

- hookesche Gerade (1)
- Elastizitätsgrenze σ_E (2)
- obere Streckgrenze R_{eH} (3)
- untere Streckgrenze R_{eL} (4)
- Zugfestigkeit R_m (5)
- Bruch σ_B (6)

1	
2	
3	
4	
5	
6	

Datum:
Name: Vorname: Klasse/Gruppe

3. ***Berechnen*** Sie die ***maximal mögliche Dehnung*** $\boldsymbol{\varepsilon}$ in % für:
   a) ***Stahl*** (Zugspannung $\sigma = 370\ \text{N/mm}^2$)
   b) ***GFK*** (Zugspannung $\sigma = 350\ \text{N/mm}^2$)
   Hinweis: Den *E*-Modul finden Sie im Tabellenbuch.

Lösung:

Geg.: $\sigma_{Stahl} = 370\ \frac{\text{N}}{\text{mm}^2}$ Ges.: ε_{Stahl}, ε_{GFK}

$\sigma_{GFK} = 350\ \frac{\text{N}}{\text{mm}^2}$

$E_{Stahl} =$ (aus Tabellenbuch)

$E_{GFK} =$ (aus Tabellenbuch)

a) $\varepsilon_{Stahl} =$

b) $\varepsilon_{GFK} =$

4. Was passiert beim ***Biegen***?

- der Außenbereich
- der Innenbereich
- in der Mitte liegt , an der die Berechnungen festgemacht werden.

5. Erklären Sie den ***Unterschied zwischen Abkanten und Richten***.

Abkanten ist

Durch Richten

Datum:
Name: Vorname: Klasse/Gruppe

6. Es gibt ***drei Möglichkeiten zum Richten***. Wie heißen diese und erklären Sie sie näher.

   1. Mechanisches Richten:

   2.

   3.

7. Nennen Sie drei Ausbeulwerkzeuge und drei Hilfsmittel zum Ausbeulen.

   Ausbeulwerkzeuge:

   -
   -
   -

   Hilfsmittel zum Ausbeulen:

   -
   -
   -

Datum:

Name: Vorname: Klasse/Gruppe

6.6 Kunststoffreparatur und Glasarbeiten

Arbeiten Sie mit dem Lehrbuch „Fahrzeuglackierer" vom Verlag Handwerk und Technik, Kap. 6.4.

1. Welche ***Kunststoffe*** kann man ***thermisch rück(ver)formen***?

   Folgende Kunststoffe können thermisch rückverformt werden:
   -
   -

2. Was versteht man unter einem „***Memory-Effekt***"?

3. Was gehört zu den ***Reparatursystemen „Kleben von Kunststoffen"***?

   Zum Reparatursystem „Kleben von Kunststoffen" gehören:
   -
   -
   -
   -

4. Wie kann ein ***Riss in einem Kunststoffteil*** repariert werden?

   Der Riss in einem Kunststoffteil kann durch   repariert werden.

5. Erklären Sie die Arbeitsschritte zum Reparieren eines Risses in einem Kunststoffteil.

   Vorarbeiten:
   -
   -
   -
   -
   -
   -
   -

   Kunststoffkleben:
   -
   -
   -
   -

   Lackierfähige Oberfläche herstellen:
   -
   -
   -

Datum:
Name: Vorname: Klasse/Gruppe

6. ***Erklären*** Sie den Begriff „***Handlaminieren***" anhand einer Skizze.

Skizze:

Erklärung:

7. Nennen Sie zwei ***Arten von Fahrzeugscheibenglas***.

Arten von Fahrzeugscheibenglas:

-
-

8. Erklären Sie die Arbeitsschritte der ***Drahtziehmethode*** beim Fahrzeugscheibenwechsel.

Arbeitsschritte der Drahtziehmethode:

-
-
-

Danach kann man die Scheibe abnehmen.

9. Welcher Kleber kann zum Einkleben von Fahrzeugscheiben benutzt werden?

Zum Einkleben von Fahrzeugscheiben können benutzt werden:

-
-

Datum:
Name: Vorname: Klasse/Gruppe

6.7 Schaden nach einem Auffahrunfall an einem Pkw reparieren

Arbeiten Sie mit dem Lehrbuch „Fahrzeuglackierer" vom Verlag Handwerk und Technik, Kap. 6.4.3 und Kap. 6.7.2.

Der Kundenauftrag lautet:
Nach dem Auffahrunfall auf einen Mazda 323 Coupé wurden am Stoßfänger hinten rechts beschädigt, vgl. Bild:

1. *kleiner punktförmiger Lackschaden*
2. *lang gezogener horizontaler Kratzer*
3. *Schürfstelle mit leichter Eindellung*
4. *starke Eindellung*
5. *Durchstoß der Lasche zur Befestigung des Stoßfängers*

Der Besitzer möchte den Kunststoffstoßfänger reparieren lassen.

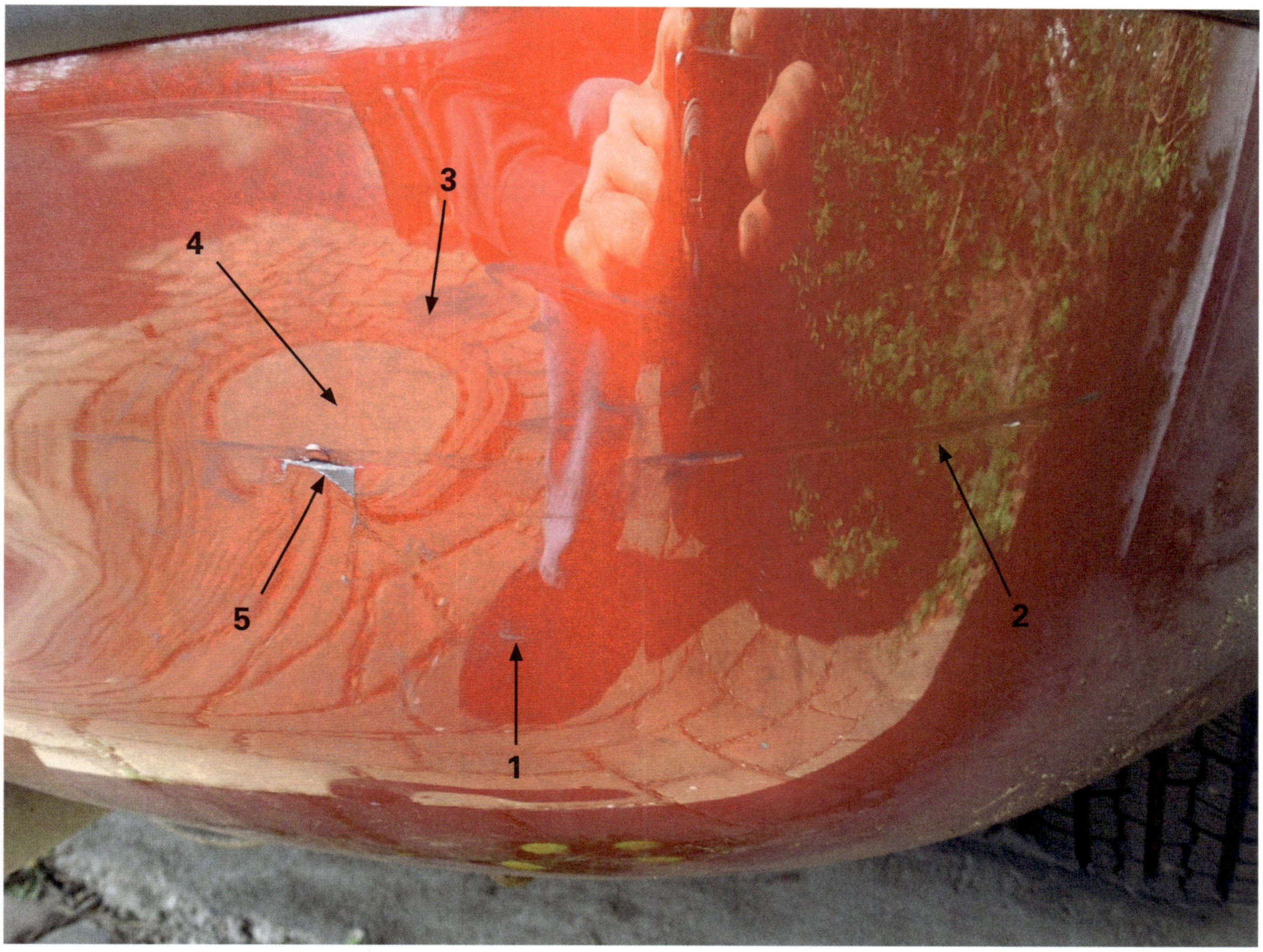

Datum:
Name: Vorname: Klasse/Gruppe

1. ***Welche Arbeiten*** beinhaltet dieser Kundenauftrag?

Der Kundenauftrag beinhaltet:

-
-
-
-
-
-
-
-
-
-
-
-

2. Welche ***Vor- und Hauptarbeiten*** sind ***beim Kunststoffschweißen*** nötig?

Vorarbeiten:

-
-
-
-
-
-
-
-
-
-

Hauptarbeiten:

-
-
-
-
-

Datum:
Name: Vorname: Klasse/Gruppe

3. ***Welche Kunststoffgruppen*** können ***geschweißt*** werden?

Folgende Kunststoffe können geschweißt werden:

- Polyvinylchlorid (PVC)
-
-
-

4. Wie wird ***nach dem Kunststoffschweißen*** eine lackierfähige Oberfläche hergestellt?

Um eine lackierfähige Oberfläche herzustellen, wird:

-
-
-

Datum:
Name: Vorname: Klasse/Gruppe

6.8 Funktion von Fahrzeugbauteilen

Arbeiten Sie mit dem Lehrbuch „Fahrzeuglackierer" vom Verlag Handwerk und Technik, Kap. 6.7.1 und Kap. 6.6.

1. Welche ***Baugruppen*** besitzen Kraftwagen? Vervollständigen Sie die Übersicht auf der Rückseite des Blattes.

2. Wie sind die ***Lämpchen der Instrumentenbeleuchtung*** sowie die ***Fern- und Abblendscheinwerfer*** rechts und links ***geschaltet***?

3. Warum gibt es die andere Grundschaltung (Reihenschaltung) nicht am Fahrzeug?
   Bei der Reihenschaltung

4. Ein Lüfter läuft 1 h : 34 min mit der elektrischen Leistung P = 1800 W mit einer Betriebsspannung von U = 380 V. Der Strompreis beträgt Pr = 0,14 €/kWh.
   Berechnen Sie:
   a) den Energieverbrauch in kWh
   b) die damit verbundenen Energiekosten
   c) die Stromstärke in A
   d) den elektrischen Widerstand in Ω

Geg.: P = 1800 W
t = 1 h : 34 min
U = 380 V
Pr = 0,14 €/kWh

Ges.: a) E
b) K_E
c) I
d) R

a) $E = P \cdot t$
E =

NR: 34 min = h,

dann ist t = 1 h : 34 min = h

b) K_E =

c) I =

d) R =

Datum:
Name: Vorname: Klasse/Gruppe

Baugruppen der Kraftwagen

	Triebwerk				
Karosserie			Kraftübertragung		
• Motorraum • • • • •	• offen, geschlossen, teiloffen • •	• Ottomotor • • • • •	• • • • •	• Federung • • • • •	• Motorelektronik • • • • •

Datum:
Name: Vorname: Klasse/Gruppe

5. Was bewirken ***Heckspoiler***?

Durch einen Heckspoiler werden:

-
-

6. Wie lautet die ***aerodynamische Grundgleichung***? Erklären Sie die verwendeten Formelzeichen.

Lösung:

$F_W =$

mit den Formelzeichen:

F_W Luftwiderstand

7. Ein Audi A6 Avant 3.0 TDI quattro (Bj. 2012) hat einen c_W-Wert von 0,3 und eine projizierte Fläche von $A = 2{,}31\ m^2$.
Berechnen Sie die ***Luftwiderstandskräfte*** F_{W1} bis F_{W4} in N für die Fahrgeschwindigkeiten:
a) $v_1 = 50$ km/h
b) $v_2 = 80$ km/h
c) $v_3 = 110$ km/h
d) $v_4 = 140$ km/h
Gehen Sie von einer Luftdichte $\rho = 1{,}225\ kg/m^3$ aus.
Hinweis: Geben Sie die Geschwindigkeiten in m/s in Ihren Taschenrechner ein.

Geg.: $\rho = 1{,}225\ \frac{kg}{m^3}$

$v_1 = 50\ \frac{km}{h}$

$v_2 = 80\ \frac{km}{h}$

$v_3 = 110\ \frac{km}{h}$

$v_4 = 140\ \frac{km}{h}$

$A = 2{,}31\ m^2$

$c_W = 0{,}3$

Ges.: a) F_{W1}

b) F_{W2}

c) F_{W3}

d) F_{W4}

(Fortsetzung siehe Rückseite des Blattes)

Datum:
Name: Vorname: Klasse/Gruppe

Lösung:

a) $F_{W1} =$

NR: $v_1 = 50\,\frac{km}{h} = \qquad\qquad \frac{m}{s}$

$F_{W1} =$

b) $F_{W2} =$

NR: $v_2 = 80\,\frac{km}{h} = \qquad\qquad \frac{m}{s}$

$F_{W2} =$

c) $F_{W3} =$

NR: $v_3 = 110\,\frac{km}{h} = \qquad\qquad \frac{m}{s}$

$F_{W3} =$

d) $F_{W4} =$

NR: $v_4 = 140\,\frac{km}{h} = \qquad\qquad \frac{m}{s}$

$F_{W4} =$

Datum:
Name: Vorname: Klasse/Gruppe

Lernfeld 7: Reparaturlackierungen ausführen

7.1 Ursachen und Arten von Lackschäden

Arbeiten Sie mit dem Lehrbuch „Fahrzeuglackierer“ vom Verlag Handwerk und Technik, Kap. 7.

1. Definieren Sie den Begriff ***Reparaturlackierung***.

   Reparaturlackierung ist

2. Erklären Sie, warum die Reparaturlackierung eines Fahrzeugs in einem Handwerksbetrieb eine ***Herausforderung für den Fahrzeuglackierer*** darstellt, im Vergleich zum Lackieren im Automobilwerk.

   Neu hergestellte Fahrzeuge

   Im Handwerksbetrieb werden Fahrzeuge lackiert, die

3. Entwerfen Sie eine Skizze, die alle möglichen ***Ursachen von Lackschäden*** (chemisch und physikalisch) darstellt.

Datum:
Name: Vorname: Klasse/Gruppe

7.2 Altlackierung prüfen

Zur fachgerechten Durchführung einer Reparaturlackierung ist es notwendig, dass der Fahrzeuglackierer die ***Beschaffenheit des Untergrundes*** prüft. Vervollständigen Sie hierfür die folgende Tabelle.

Verfahren	Was wird geprüft?	Vorgehen	Skizze
Klebeband-abrisstest			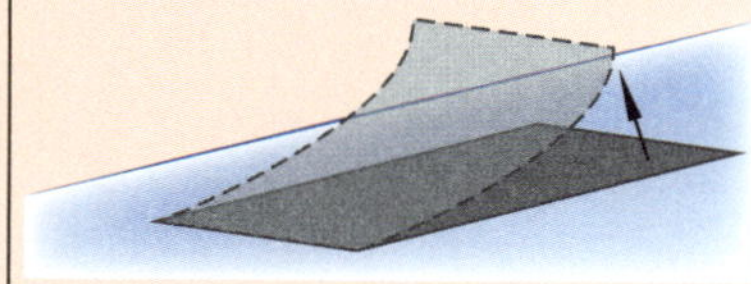
Gitterschnitt-prüfung			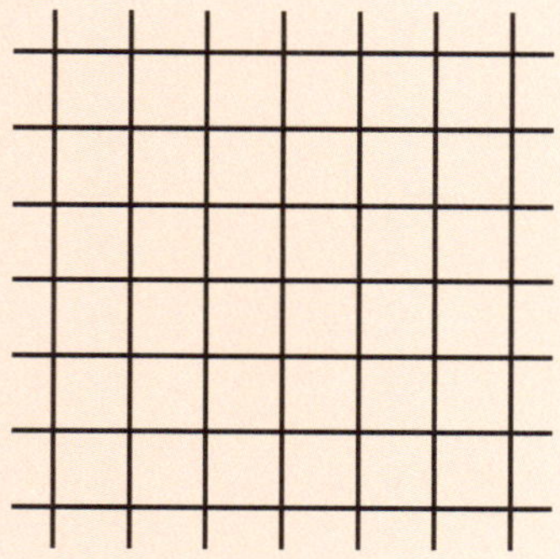
Durchschleif-test			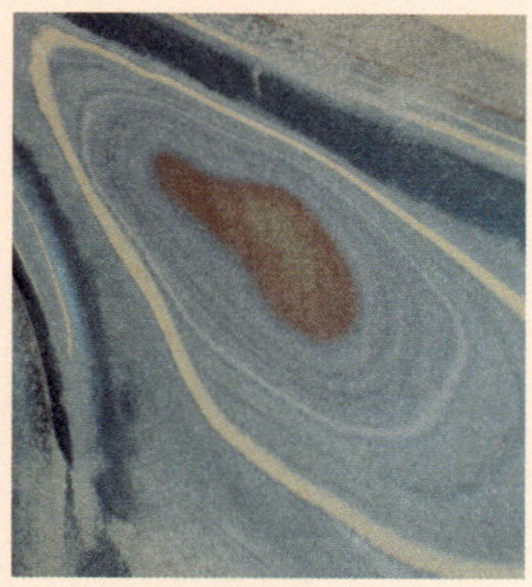
Lösemittel-test			Lappen mit Lösemittel 
Fingernagel-probe			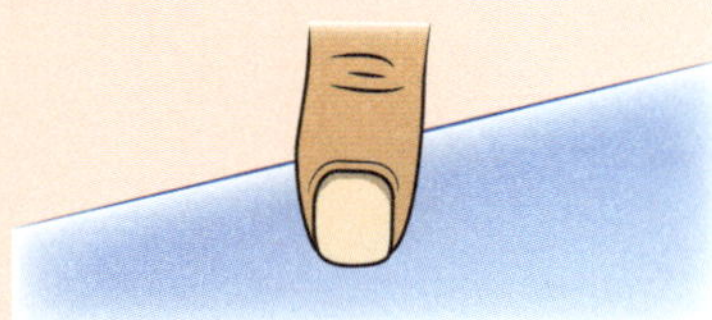

Datum:
Name: Vorname: Klasse/Gruppe

7.3 Farbton der Originallackierung ermitteln

1. Nennen Sie Möglichkeiten, wie man den ***Farbton eines Fahrzeugs ermitteln*** kann.

   Den Farbton eines Fahrzeugs kann man bestimmen mithilfe
   - des Farbcodes
   -
   -
   -

2. Wo findet man den ***Farbcode*** an einem Fahrzeug?

   Den Farbcode findet man

3. Erklären Sie die ***Vorgehensweise bei der Farbtonermittlung*** mithilfe von Farbtonkarten.

   Farbtonkarten oder auch Musterkarten

4. Welche Rolle spielt der Fachbegriff ***Metamerie***?

   Metamerie beschreibt das Phänomen, dass

5. Wie funktioniert eine ***elektronische Farbtonmessung***?

   Vorgehen bei der elektronischen Farbtonmessung:
   -
   -
   -
   -
   -

6. Welchen ***Vorteil*** bietet die elektronische Farbtonmessung?

Datum:
Name: Vornema: Klasse/Gruppe

7.4 Lacksysteme erkennen

1. Warum ist es wichtig, dass der Fahrzeuglackierer in der Lage ist, ***unterschiedliche Lacksysteme zu erkennen***?

Die Reparaturlackierung
-
-

2. Anhand von welchen ***Merkmalen lassen sich folgende Lacksysteme*** erkennen? Vervollständigen Sie die folgende Tabelle.

Lacksystem	**Lässt sich erkennen**
Ein-Schicht-Unilack (ohne Klarlack)	• •
Zwei-Schicht-Unilack (mit Klarlack)	• •
Metallic-Lacksystem	• • •
Drei-Schicht-Lacksystem mit eingefärbtem Vorlack	• •
Drei-Schicht-Lacksystem mit eingefärbtem Klarlack	• •
Lacksystem mit Eigenrezeptur	• •
Slurry-, Pulver- und UV-Strahlen-härtende Lacke	• •
kratzfeste Lacksysteme	• •

Datum:
Name: Vorname: Klasse/Gruppe

7.5 Bindemittel der Lackierung erkennen

1. Warum muss der Fahrzeuglackierer ***unterschiedliche Bindemittel im Altlack erkennen*** können?

   Die Wahl eines passenden Bindemittels ist im Sinne einer fachgerechten Reparaturlackierung wichtig, denn

2. Mithilfe welcher ***Prüfmethode*** lassen sich ***Nitrozellulose-, Alkydharz- und thermoplastische Bindemittel*** erkennen?

3. Was ist ein sog. Einbrennlack? Erklären Sie.

   Einbrennlack ist ein

4. Sie lesen auf einem Lackgebinde, dass der ***Lack reversibel*** ist. Was bedeutet das?

   Reversibel bedeutet, dass

5. ***Einbrennlacke und zweikomponentige Alkydharz-Lacke*** sind nur zum Teil reversibel. Erklären Sie.

   Das bedeutet, dass diese Lacke

6. Was sind ***TPA-Lacke*** und woran lassen sich diese erkennen?

   TPA =
   Sie lassen sich daran erkennen, dass sie
   -
   -
   -

7. Welche ***Bindemittel*** werden heutzutage hauptsächlich bei der ***Lackierung von Automobilen*** verwendet?
   -
   -
   -

8. Beim Durchführen einer Reparaturlackierung fällt unweigerlich das sog. ***Overspray*** an. Erklären Sie diesen Begriff.

   Overspray ist

Datum:
Name: Vorname: Klasse/Gruppe

7.6 Abkleben bei Reparaturlackierungen

1. Zum Abkleben benötigen Sie je nach Kundenauftrag verschiedene ***Abdeckmaterialien***. Überlegen Sie sich hierbei die Vor- und Nachteile der einzelnen Abdeckmaterialien.
   Vervollständigen Sie die folgende Tabelle.

Abdeckmaterial	Vorteile	Nachteile
durchschlagsicheres Papier		
Kunststofffolie		
wiederverwendbare (Kunststoff-)Decke		
flüssige Schutzfilme		

2. Beim Abkleben von Reparaturstellen lassen sich Füllerkanten durch sog. ***Bördelkanten im Klebeband*** vermeiden.
   Zeichnen Sie eine solche Bördelkante und erklären Sie, wie diese ermöglicht, dass keine unschönen Kanten im Lackübergang zwischen Alt- und Neulackierung entstehen.

Erklärung:

Datum:
Name: Vorname: Klasse/Gruppe

7.7 Verfahren der Reparaturlackierung

1. Nennen Sie die unterschiedlichen ***Verfahren der Reparaturlackierung***.

   Verfahren der Reparaturlackierung:

   -
   -
   -

2. Warum wird eine ***Ganzlackierung*** eher nur bei Oldtimern oder Sonder- bzw. Effektlackierungen durchgeführt?

3. In welchen Fällen ist ***Spot-Repair*** als Reparaturmethode sinnvoll?

   Spot-Repair ist sinnvoll bei:

   -
   -
   -
   -

4. Zeichnen Sie die Flächen am Fahrzeug ein:
   - Flächen, die sich für die Durchführung von Spot-Repair ***eignen*** → grün
   - Flächen, die für Spot-Repair ***ungeeignet*** sind → rot

5. In welchen Fällen ist es bei Beschädigungen sinnvoll, Karosserieteile ***vollständig zu lackieren***?

   Vollständig lackiert werden Karosserieteile, wenn:

   -
   -
   -
   -
   -
   -
   -

Datum:
Name: Vorname: Klasse/Gruppe

7.8 Materialien zur Reparaturlackierung

1. Warum ist es wichtig, dass sich die Inhaltsstoffe eines Reparaturlacks mit denen der Altlackierung ***„vertragen“***?
   -
   -
   -
   -

2. Entwerfen Sie eine ***Mindmap*** zum Thema ***„Lacke für die Reparaturlackierung“***. Verwenden Sie die Rückseite dieses Blattes.

3. 2-K-Lacke härten nur unter Zugabe von Härter.
   Warum kommen sog. ***lange Härter*** auf großen Flächen bzw. bei erhöhter Umgebungstemperatur zum Einsatz?
   Lange Härter werden eingesetzt, damit
   -
   -

4. ***Erklären Sie*** mit eigenen Worten kurz und knapp folgende ***Fachbegriffe***.
   Additive:

   Beispritzlöser:

   Einstellzusatz:

   Elastifizierungszusatz:

   Aktivator:

   Reiniger:

   VE-Wasser:

Datum:
Name: Vorname: Klasse/Gruppe

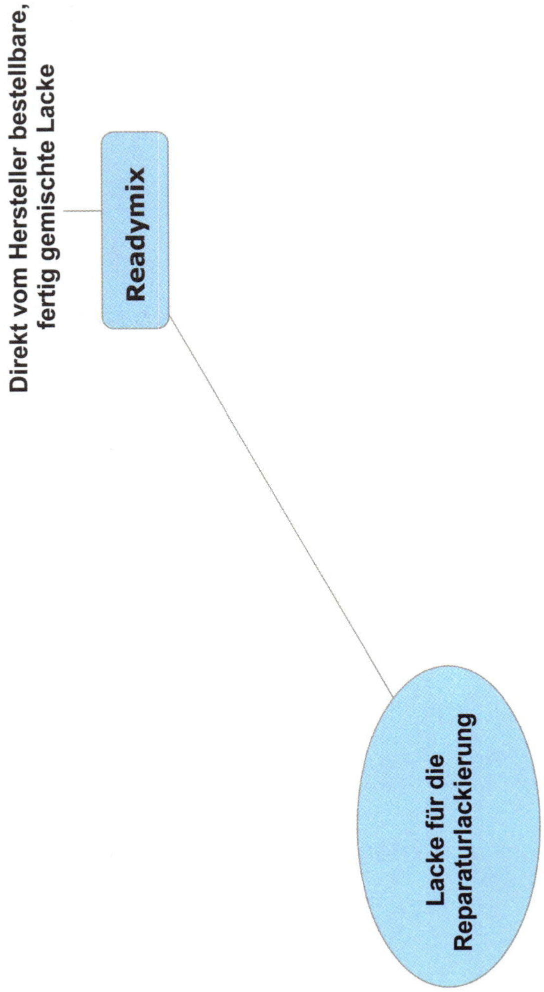

Datum:
Name: Vorname: Klasse/Gruppe

7.9 Arbeitsplatzgrenzwerte

„Je kleiner der AGW, desto giftiger ist der Stoff."

Erklären Sie diese Aussage anhand der beiden Stoffe ***Dibenzolperoxid*** und ***Toluol***. Gehen Sie hierbei auf den Begriff ***AGW*** ein.

Der AGW

Es haben:

- Dibenzolperoxid einen AGW von
- Toluol hat einen AGW von

Das heißt, Dibenzolperoxid ist schädlich für die Gesundheit.

Datum:

Name: Vorname: Klasse/Gruppe

7.10 Vorgehen bei der Reparaturlackierung

Im Rahmen der Durchführung von Reparaturlackierungen trifft man als Fahrzeuglackierer auf verschiedene Untergründe.
Verfassen Sie zu den in der Tabelle aufgeführten Untergründen ***Hinweise zur Bearbeitung des Untergrunds***.

Untergrund	Untergrund bearbeiten
Stahl mit Werksgrundierung	
Stahl mit Altlackierung	
Zink	
Aluminium-Knetlegierung	
Zinn	
Kunststoff	

Datum:
Name: Vorname: Klasse/Gruppe

7.11 Lackierfehler

Benennen Sie folgende ***Lackierfehler*** und zählen Sie jeweils zwei ***Ursachen*** und zwei ***Möglichkeiten zur Vermeidung*** auf.

Bezeichnung:	Ursachen:	Vermeidung:
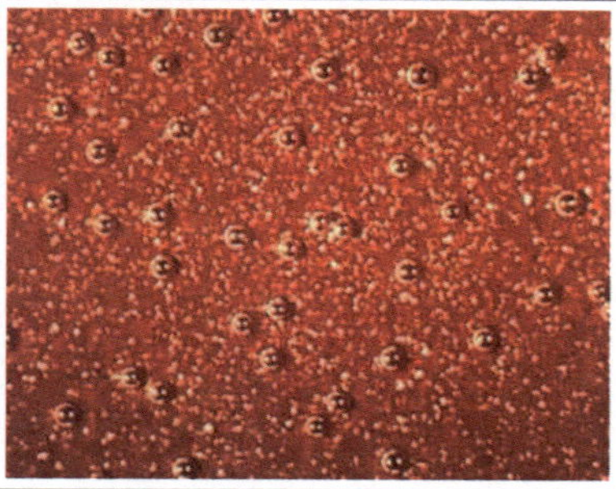	• •	• •
Bezeichnung:	**Ursachen:**	**Vermeidung:**
	• •	• •
Bezeichnung:	**Ursachen:**	**Vermeidung:**
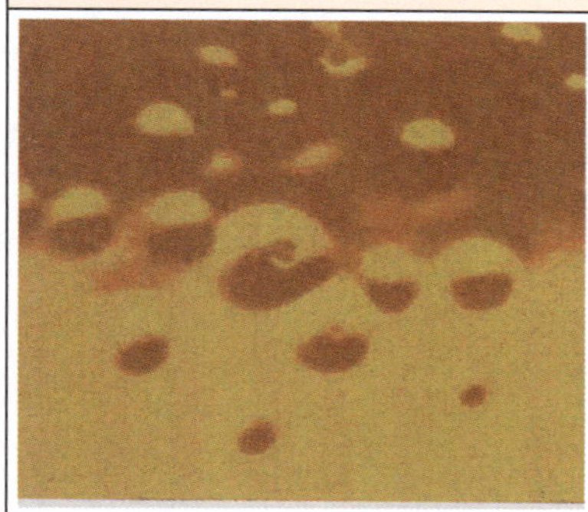	• •	• •
Bezeichnung:	**Ursachen:**	**Vermeidung:**
	• •	• •

Datum:
Name: Vorname: Klasse/Gruppe

Bezeichnung:	Ursachen:	Vermeidung:
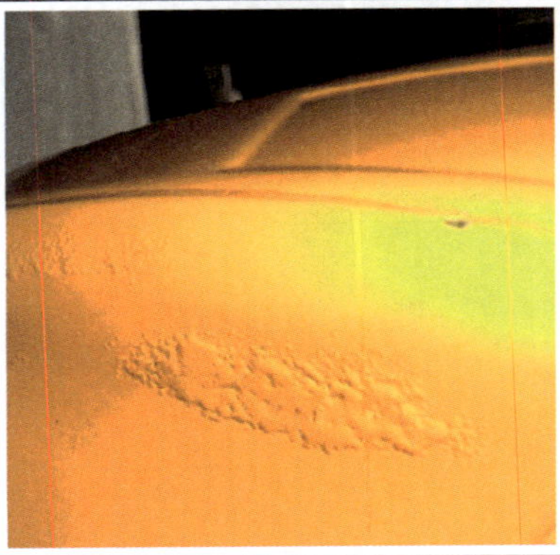	• •	• •

Datum:
Name: Vorname: Klasse/Gruppe

Lernfeld 8: Objekte gestalten

8.1 Gestaltungsmittel

Arbeiten Sie mit dem Lehrbuch „Fahrzeuglackierer“ vom Verlag Handwerk und Technik, Kap. 8.1.

1. Welche Aufträge bzw. Arbeiten erfordern vom Fahrzeuglackierer Gestaltungskompetenz?

   Gestaltungskompetenz wird vom Fahrzeuglackierer gefordert bei Arbeiten wie:
   - Beschriftungen
   -
   -
   -
   -
   -
   -
   -

2. Überlegen Sie, warum ***Grundkenntnisse zum Gestalten*** von Objekten, insbesondere Fahrzeugen, ***Bedeutung für die Berufsarbeit*** des Fahrzeuglackierers hat.

   Fahrzeuglackierer beraten Kunden bei:
   -
   -
   -

Datum:
Name: Vorname: Klasse/Gruppe

3. Farbe, Form und Material bestimmen das Aussehen aller Dinge. Der Fahrzeuglackierer hat die Möglichkeit, mit seiner Arbeit Fahrzeuge in ihrem Aussehen zu gestalten. Nennen Sie verschiedene ***Gestaltungselemente***, die ein Fahrzeuglackierer zum Gestalten von Objekten nutzen kann. Tragen Sie diese in die Mindmap ein.

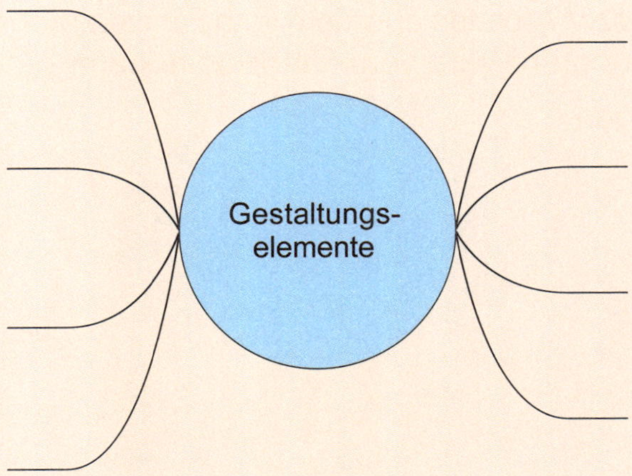

4. Überlegen Sie, welche äußeren **Faktoren bei der Wahl bzw. dem Einsatz von Gestaltungsmitteln** zu berücksichtigen sind.

Bei der Wahl bzw. beim Einsatz von Gestaltungsmitteln sind folgende äußere Faktoren zu berücksichtigen:

-
-
-
-
-

Datum:
Name: Vorname: Klasse/Gruppe

8.2 Formgestaltung

Arbeiten Sie mit dem Lehrbuch „Fahrzeuglackierer“ vom Verlag Handwerk und Technik, Kap. 8.9.

1. Ergänzen Sie den Text mit den folgenden Begriffen:
   - *zweidimensional*
   - *Punkt*
   - *eindimensional*
   - *Linie*
   - *dreidimensional*
   - *Körper*
   - *Strukturen*

   Der Punkt ist das kleinste grafische Gestaltungselement und ist ohne Dimension. Durch die Aneinanderreihung von Punkten entsteht eine ______. Sie hat eine Richtung und Bewegung sowie eine Breite und Länge. Die Linie ist immer ______.
   Wird eine Form von Linien begrenzt, entsteht eine ______. Diese ist zweidimensional.
   Ein ______ besteht aus verschiedenen Flächen. Er ist ______ und hat neben der Breite und Höhe auch eine ______.
   Die Formenelemente bilden allein oder in Kombination ______, Muster oder Ornamente.

2. Nennen Sie gestalterische Aspekte, die ein Fahrzeuglackierer bei der Gestaltung eines Entwurfes beachten sollte.
   -
   -
   -
   -

3. Gestaltungselemente lassen sich auf verschiedene Art und Weise anordnen. Die innere Gliederung bzw. die ***Anordnung von Formen*** bezeichnet man als Struktur.

   a) Ordnen Sie den dargestellten Punktstrukturen die folgenden Anordnungen zu:
   - Streuung
   - Zentrierung/Gruppierung
   - Reihung
   - Verdichtung

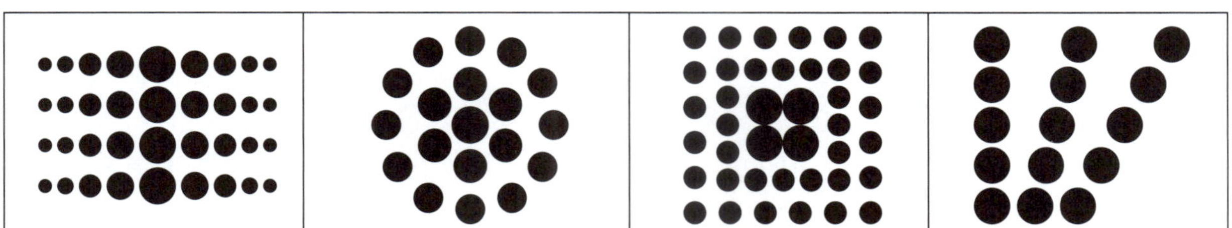

   b) Gestalten Sie auf der Rückseite des Blattes eine Punktzeichnung im Format 15 cm × 15 cm. Wenden Sie dabei eine selbst gewählte Anordnungsmöglichkeit an und benennen Sie diese.

Datum:
Name: Vorname: Klasse/Gruppe

Lösung zu Aufgabe 3b:

Datum:
Name: Vorname: Klasse/Gruppe

4. Die **Formwirkung** spielt bei der Gestaltung von Objekten eine große Rolle. Überlegen Sie, welche Wirkung die abgebildeten Flächen auf Sie haben. Ordnen Sie die Wörter durch eine Linie den abgebildeten Flächen zu.

horizontal angeordnet

richtungsgegensätzliche Form

richtungslose Form

vertikal angeordnet

richtungs-differenzierte Form

unendlich, beruhigend, entspannend

ruhend, rational, statisch

dynamisch, lebendig

lastend, ausgeglichen

aufstrebend, instabil

Datum:
Name: Vorname: Klasse/Gruppe

5. Erläutern Sie folgende ***Begriffe zur Formgestaltung***:
   - Geschlossenheit:
   - Nähe:
   - Gleichheit:

6. Erläutern Sie den Begriff ***Symmetrie***.

   Symmetrie ist

7. Zeichnen Sie mit einem farbigen Stift alle möglichen Symmetrieachsen in die folgenden Abbildungen ein.

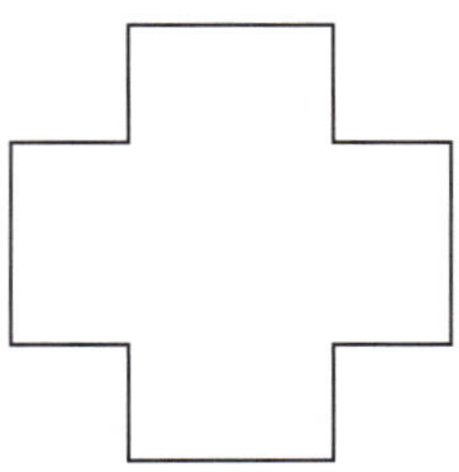

8. Welche ***Wirkung*** haben ***symmetrische Formen*** auf den Betrachter und warum werden Sie häufig zur Gestaltung von Objekten eingesetzt?

   Wirkung symmetrischer Formen:
   -
   -
   -

   Symmetrische Formen werden häufig eingesetzt, weil sie

Datum:
Name: Vorname: Klasse/Gruppe

8.3 Farbgestaltung

Arbeiten Sie mit dem Lehrbuch „Fahrzeuglackierer" vom Verlag Handwerk und Technik, Kap. 8.2.

1. Die visuelle Wahrnehmung ist der dominanteste Sinn des Menschen. Stehen Dinge in einem visuellen Eindruck gegeneinander, so spricht man von einem ***Farbkontrast***.
   Ein Farbkontrast beschreibt den Gegensatz zwischen:
   -
   -

2. Ergänzen Sie die Tabelle zu den verschiedenen Farbkontrasten. Legen Sie fehlende Farbbeispiele farbig mit Buntstiften aus.

	Abbildung	Name des Kontrastes	Beschreibung des Kontrastes
a)		Hell-Dunkel-Kontrast	
b)	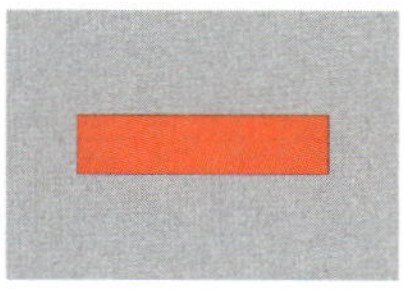		Er beschreibt die unterschiedliche Wirkung von Farben in Bezug auf ihre Flächengröße und berücksichtigt dabei auch die Leuchtkraft (Qualität).
c)		Qualitätskontrast	
d)			Die Farbwirkung erfolgt gleichzeitig und wechselseitig. Es kann zu scheinbaren Verwechslungen des Farbtons, der Helligkeit oder der Sättigung kommen.
e)			Er wird subjektiv und emotional wahrgenommen. kalte Farben: warme Farben:
f)			Der Kontrast entsteht, sobald mehrere unterschiedliche Farben aufeinandertreffen. Farben stehen ungetrübt in ihrer stärksten Leuchtkraft nebeneinander.
g)		Komplementärkontrast	
h)			

Datum:
Name: Vorname: Klasse/Gruppe

Arbeiten Sie mit dem Lehrbuch „Fahrzeuglackierer“ vom Verlag Handwerk und Technik, Kap. 8.4.

3. Erläutern Sie den Begriff ***Farbharmonie***.

   Farbharmonie ist

4. Nennen Sie fünf ***Möglichkeiten***, Objekte farblich harmonisch zu gestalten.

   -
   -
   -
   -
   -

5. Erläutern Sie ***monochrome Farbgestaltung*** und erstellen Sie ein Farbbeispiel anhand der abgebildeten Motorhaube.

Erläuterung	monochrome Farbgestaltung ist
Farbbeispiel	

6. Legen Sie die Rechtecke mit verschiedenen ***komplementären*** Farbenpaaren aus. Beachten Sie dabei die Leuchtkraft der Farben, sodass kein Farbton optisch überwiegt. Erproben Sie ggf. zuvor auf einem Extra-Blatt.

Farbenpaar	Blau –	– Rot	Gelb –
Verhältnis der Farben zueinander			

Datum:
Name: Vorname: Klasse/Gruppe

7. Ein Farbklang ist die Kombination mehrerer Farben, die sich nach verschiedenen Kontrasten ergeben. Farbklänge kann man aus dem ***12-teiligen Farbkreis*** von Itten ableiten. Welche Aussagen über den Farbkreis sind richtig?
Kreuzen Sie in der 1. Spalte an.

richtig	Aussagen
	Der Farbkreis bildet alle Farben ab.
	Helle und dunkle Farben liegen sich im Farbkreis gegenüber.
	Die Farben werden ohne Weiß- und Schwarzzumischung dargestellt.
	Sekundärfarben bilden die Grundlage des Farbkreises.
	Warme und kalte Farben liegen sich im Farbkreis gegenüber

8. ***Farbklänge*** entstehen durch Anwendung von ***Bezugsfiguren*** im 12-teiligen Farbkreis.
   a) Nennen Sie die Bezugsfiguren der folgenden Farbklänge.
   b) Zeichnen Sie in die nachfolgenden Farbkreise jeweils zwei mögliche Bezugsfiguren ein.
   c) Nennen Sie mindestens eine mögliche Farbkombination.

	Farb-Zweiklang	**Farb-Dreiklang**	**Farb-Vierklang**
a)	Linie		
b)	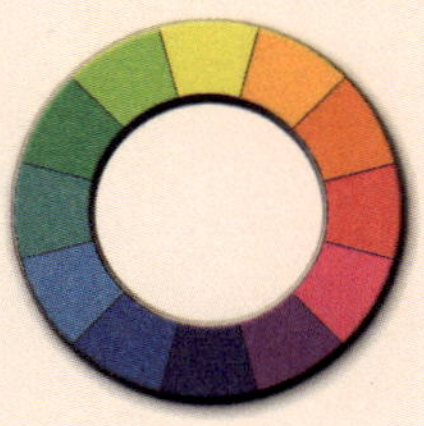	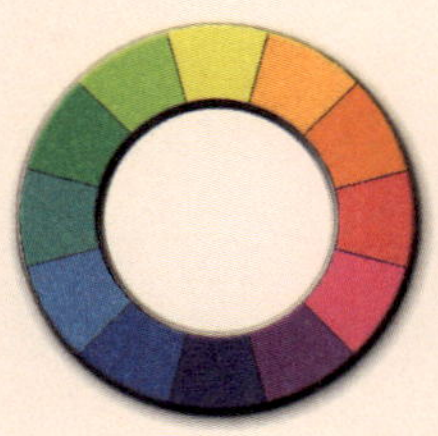 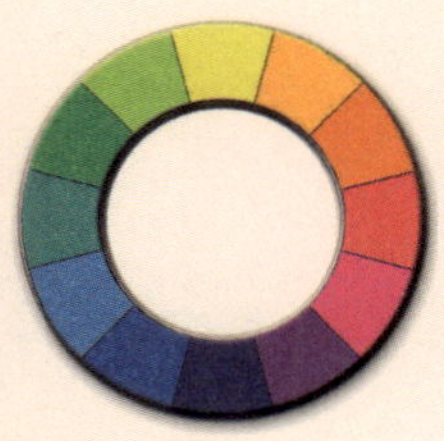 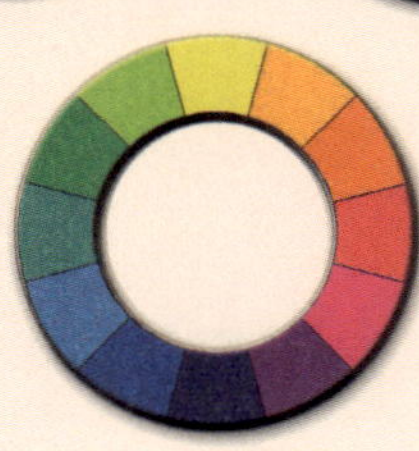	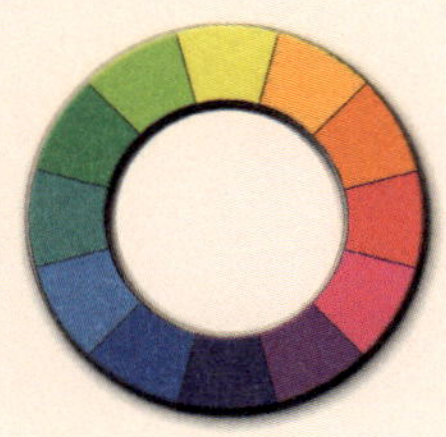 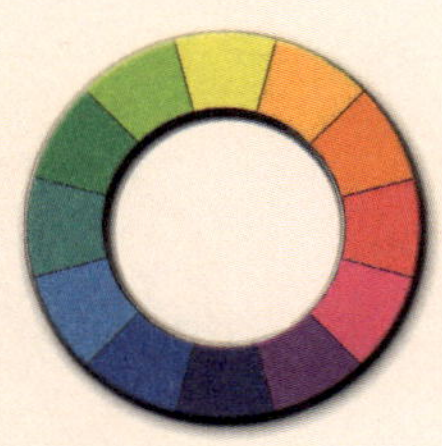
c)	Farben mit • Hell-Dunkel-Kontrast • • • • • zum Beispiel: • •	• • • •	• •

Datum:
Name: Vorname: Klasse/Gruppe

9. Welche Aussage kann man über die Nah- und Fernwirkung von Farben treffen?

Nahwirkung:

Fernwirkung:

10. Das abgebildete Fahrzeug ist mit zwei Farben unterschiedlicher Helligkeit zu lackieren.

a) Ordnen Sie die ***hellere*** Farbe im oberen Bereich des Fahrzeuges an.

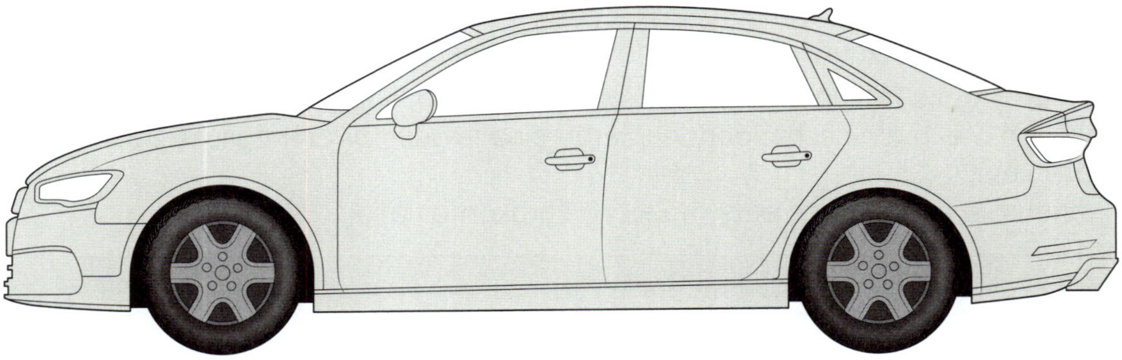

b) Ordnen Sie die ***dunklere*** Farbe im oberen Bereich des Fahrzeuges an.

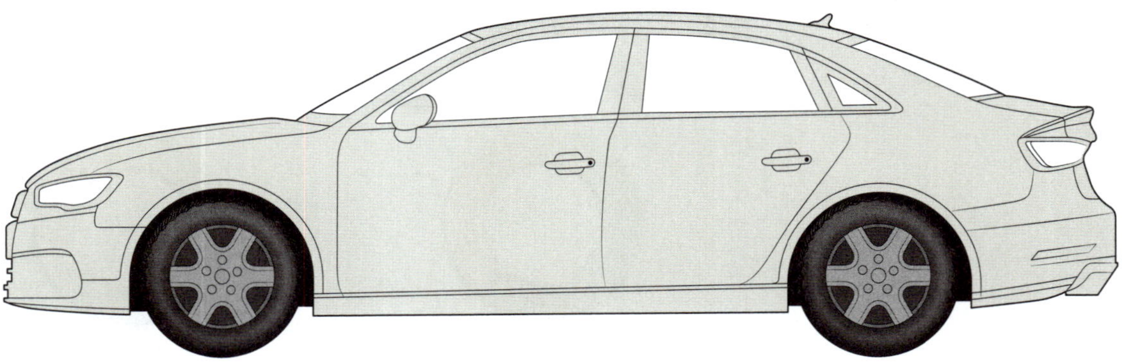

c) Vergleichen Sie beide Varianten in ihrer Wirkung.

8.4 Gestaltung mit Folien

Arbeiten Sie mit dem Lehrbuch „Fahrzeuglackierer" vom Verlag Handwerk und Technik, Kap. 8.10.

1. Nennen Sie mindestens sechs ***Anforderungen***, die an eine Folie zum Bekleben von Fahrzeugen gestellt werden.

Folien zum Bekleben von Fahrzeugen müssen sein:

-
-
-
-
-
-
-
-

2. Zum Bekleben von Fahrzeugen stehen Ihnen verschiedene ***Arten von Folien*** zur Verfügung. Nennen Sie die Eigenschaften der folgenden Folienarten.

Arten von Folien	Eigenschaften
Polymerfolie	
Flip-Flop-Folie	
Carbonfolie mit 3D-Struktur	

3. Erläutern Sie den ***Unterschied*** zwischen ***Metalleffekt-Plotterfolie*** und ***Metallic-Plotterfolie***.

Metalleffekt-Plotterfolie

Die Metallic-Plotterfolie

4. Erläutern Sie, wie ein ***Schneideplotter*** arbeitet.

Ein Schneidplotter arbeitet wie folgt:

- Am Computer werden mithilfe einer Software Vektorgrafiken erstellt.
-
-

5. Was bedeutet der Begriff „***Entgittern***"?

Entgittern bedeutet, dass

Datum:
Name: Vorname: Klasse/Gruppe

6. Wozu dient eine ***Übertragungsfolie*** bei dem Bekleben von Objekten mit Folie?

   Übertragungsfolie

7. Folien können trocken oder nass verklebt werden. Nennen Sie jeweils die Anwendungsgebiete zu den Verfahren.

   - Folie trocken verkleben:
   - Folie nass verkleben:

8. Benennen Sie die abgebildeten Werkzeuge zum Folienkleben und erläutern Sie, bei welchen Arbeiten sie Anwendung finden.

Abbildung	**Bezeichnung**	**Verwendung**
		• •
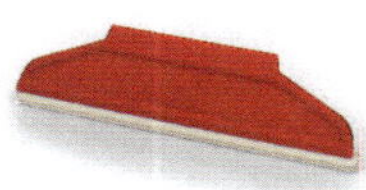		• •
		• •
		• •
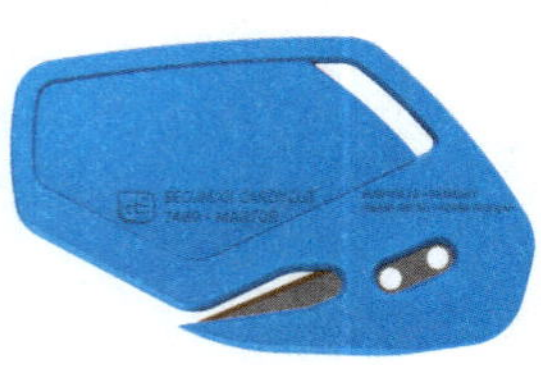		•
		• •

Datum:
Name: Vorname: Klasse/Gruppe

9. Bringen Sie die Arbeitsschritte zum Aufbringen von Folie im Nassklebeverfahren in die richtige Reihenfolge.

Reihenfolge	Arbeitsschritte
	Folie auf dem Fahrzeug ausrichten und fixieren
	Fahrzeug reinigen
	Fläche mit Wasser und Spülmittel befeuchten
	die zu beklebende Fläche mit Silikonentferner entfetten
	Spülwasser mit Rakel von Mitte nach außen herausdrücken
	Übertragungsfolie entfernen
	evtl. entstandene Luftblasen mit Skalpell aufstechen und glatt rakeln

10. Wann und warum empfiehlt es sich, die Folie beim Auftragen mit einem Heißluftfön zu erwärmen?

Folien sollten mit einem Fön erwärmt werden bei:

-
-
-

Begründung:

Datum:
Name: Vorname: Klasse/Gruppe

8.5 Gestaltung eines Fahrzeuges

Arbeiten Sie mit dem Lehrbuch „Fahrzeuglackierer" vom Verlag Handwerk und Technik, Kap. 8.

Ausgangssituation:
Das „Spieleparadies" ist ein Indoorspielplatz, der wetterunabhängiges Spielvergnügen für die gesamte Familie bietet. Der Inhaber gibt einer Fahrzeuglackiererei den Auftrag, einen Firmenwagen mit Form und Farbe neu zu gestalten. Das abgebildete Fahrzeug in Weiß soll neben dem bereits bestehenden blauen Firmenschriftzug farblich passende Motive erhalten.

1. Erläutern Sie dem Kunden die Vorteile einer Folierung gegenüber einer Spritzlackierung mit Schablone.

   Vorteile der Folierung:
   -
   -
   -

2. Erstellen Sie für den Kunden einen Gestaltungsentwurf für das Firmenfahrzeug.
   a) Gestalten Sie das Fahrzeug mit Motiven aus einfachen geometrischen Formen. Entwerfen Sie zunächst zwei verschiedene Gestaltungsideen in Skizzenform und entscheiden Sie sich anschließend für einen Entwurf.
   Nutzen Sie dafür die Rückseite dieses Blattes.

Datum:
Name: Vorname: Klasse/Gruppe

Datum:
Name: Vorname: Klasse/Gruppe

b) Der Kunde wünscht, dass Sie ihm zunächst das ***farbliche Gesamtkonzept*** zeigen, ehe Sie mit dem konkreten Entwurf fortfahren.
Erstellen Sie dem Kunden ***zwei*** verschiedene Farbpläne mit den Farben, die Sie für die Gestaltung in Betracht ziehen.
Hinweis:
Die verhältnismäßige Größe der Farbflächen am Fahrzeug sind durch größere und kleinere Tabellenfelder im ***Farbplan*** zu berücksichtigen.

c) Entscheiden Sie sich für ein farbliches Gesamtkonzept.

d) Übertragen Sie das Motiv auf eine Folie, schneiden Sie diese per Hand aus und ordnen Sie die Motive auf dem Fahrzeug an. Präsentieren Sie Ihr Gestaltungskonzept für das Firmenfahrzeug.
Nutzen Sie dafür die Rückseite dieses Blattes.

e) Erläutern und begründen Sie fachgerecht die Auswahl der Form- und Farbgestaltung.

Datum:
Name: Vorname: Klasse/Gruppe

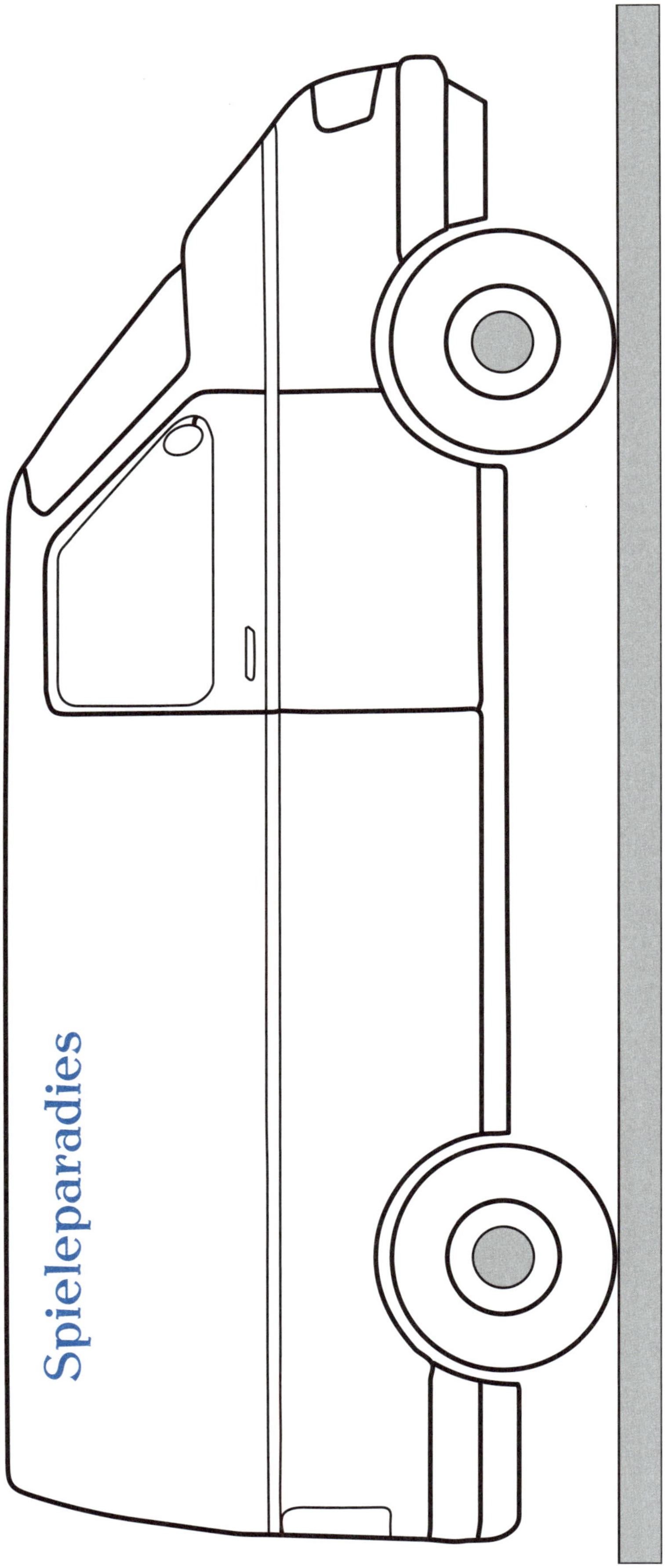

Datum:
Name: Vorname: Klasse/Gruppe

3. Die Motive sind mit einem Vektorprogramm zu erstellen, zu plotten und nach Vorbereitung des Fahrzeuges im ***Trockenklebeverfahren*** auf das Fahrzeug anzubringen. Erstellen Sie dazu den ausführlichen ***Arbeitsplan***.

Schlüssel: Fabrikat: Baujahr: Kfz-Halter:		**Art der Arbeit:** Fahrzeug bekleben	
Arbeitsplanung			
lfd. Nr.	Arbeitsschritt	Werkzeuge, Maschinen, Geräte, Materialien, Hilfsstoffe	Bemerkungen, UVV
1	Vorlagen, Motive auswählen, als Vektorgrafik erstellen und in Größe anpassen		
2			
3			
4			
5			
6			
7			
8			

4. Welche Eigenschaften der Folienmotive und Folienschriften sollte man im Sinne einer Qualitätskontrolle überprüfen.

Folienmotive und Folienschriften sind zu überprüfen auf:

-
-
-
-

Datum:
Name: Vorname: Klasse/Gruppe

5. Der Kunde möchte wissen, ob er bereits am nächsten Tag mit dem Fahrzeug wieder in eine Waschanlage fahren kann. Antworten Sie ihm fachgerecht.

   Antwort:

6. Der Schriftzug „Spieleparadies" soll auf die Seitenwände des Fahrzeugs eingepasst werden.
   Die Höhe des Schriftzuges hat der Kunde mit h = 120 mm vorgegeben.
   Das Verhältnis Breite : Höhe soll 8,5 : 1 betragen.
   Berechnen Sie die Breite b des Schriftzuges in cm.

   Geg.: h = 120 mm Ges.: b
   $b : h$ = 8,5 : 1
   Lösung:

Datum:
Name: Vorname: Klasse/Gruppe

7. Plotterfolie gibt es als 5-m-Rolle in der Breite b = 126 cm. Im Einkauf beträgt der Preis P = 4,75 €/m², ohne Mehrwertsteuer und Versandkosten.
Berechnen Sie die Gesamtkosten K für eine Bestellung von drei 5-m-Rollen Plotterfolie. Die Versandkosten werden mit K_{V1} = 2,50 € je Rolle berechnet und die Mehrwertsteuer beträgt $MwSt_1$ = 19 %.
Hinweis: Rechnen Sie in den vorgegebenen Schritten:

Lösung:

Geg.: $l = 5\,\text{m}$ Ges.: K

$b = 126\,\text{cm}$

$P = 4{,}75 \frac{€}{\text{m}^2}$

$K_V = 2{,}50 \frac{€}{\text{Rolle}}$

$MwSt_1 = 19\ \%$

Lösung:

Fläche A von 1 Rolle Folie:

$A =$

Preis P_1 von 1 Rolle Folie:

$P_1 =$

Preis P_3 von 3 Rollen Folie:

$P_3 =$

Mehrwertsteuer $MwSt_3$ von P_3:

$MwSt_3 =$

Materialkosten K_M:

$K_M =$

Versandkosten K_{V3} von 3 Rollen Folie:

$K_{V3} =$

Gesamtkosten K:

$K =$

Datum:
Name: Vorname: Klasse/Gruppe

8. Der Firmenkunde ist von dem Ergebnis der Folierung so begeistert, dass er sein privates Fahrzeug ebenfalls gestalten lassen möchte. Er stellt sich eine farbige Gestaltung mit Zierstreifen vor.
Ordnen Sie die Begriffe **Zierlinien, Zierstreifen und Zierfelder** den entsprechenden Abbildungen zu und grenzen Sie die Begriffe voneinander ab.

Abbildung	Beschreibung
	• • • •
	• • • •
	• • • •

9. Nennen Sie eine besondere Eigenschaft von **Zierlinien- und Konturband**.
Zierlinien und Konturband

Datum:
Name: Vorname: Klasse/Gruppe

Lernfeld 9: Lackierverfahren anwenden

Arbeiten Sie mit dem Lehrbuch „Fahrzeuglackierer" vom Verlag Handwerk und Technik, Kap. 9.

9.1 Fahrzeuglack vorbereiten

1. Beschreiben Sie, in welchen Fällen eine ***Ganzlackierung*** am Fahrzeug durchgeführt wird.

   Eine Ganzlackierung wird durchgeführt:
   -
   -
   -

2. Warum ist der ***Farbton, der bei der Erstzulassung*** eines Fahrzeugs festgelegt wird, ***nicht*** unbedingt eine verlässliche Quelle für die Farbtonbestimmung?

3. Welche Methode ist für die ***Farbtonbestimmung*** am besten geeignet? Begründen Sie Ihre Antwort.

   Um die Nuancen eines Farbtons korrekt erfassen zu können, sind

4. Welche Voraussetzung muss ein Fahrzeug erfüllen, um das sogenannte ***H-Kennzeichen*** zu erhalten?
   Welche Vorteile bietet dies?

Voraussetzungen	Vorteile
Das Fahrzeug muss: • • •	• •

5. Warum wird der Lack bei einer Ganzlackierung meistens direkt vom Lackhersteller bezogen und eher ***selten im Lackierbetrieb angemischt***?

   Im Lackierbetrieb
   -
   -
   -

Datum:
Name: Vorname: Klasse/Gruppe

9.2 Karosserie vorbereiten

1. Entwerfen Sie eine Checkliste für die fachgerechte ***Vorbereitung einer Karosserie***.

Nr.	Was ist zu tun?
1	
2	
3	
4	
5	

2. Sie erhalten ein Fahrzeug, das zur Lackierung vorbereitet ist, und sind mit der Durchführung der Lackierung beauftragt.
   Auf welche ***Mängel*** müssen Sie hierbei achten?
   Es muss überprüft werden, ob:
   -
   -
   -

3. Womit sind ***Durchschliffstellen*** zu beseitigen?
   Durchschliffstellen werden mithilfe ______ beseitigt.

4. Sie stellen folgende ***Mängel an der vorbereiteten Karosserie*** fest.
   Wie reagieren Sie fachgerecht?

Mängel	Notwendige Arbeiten
abgelöste Abklebungen	abgelöste Abklebungen
verrutschte Abdeckungen	verrutschte Abdeckungen
Risse oder kleine Löcher in der Folie	Risse und kleine Löcher

5. Wofür wird ein sogenanntes ***Honigtuch*** eingesetzt?

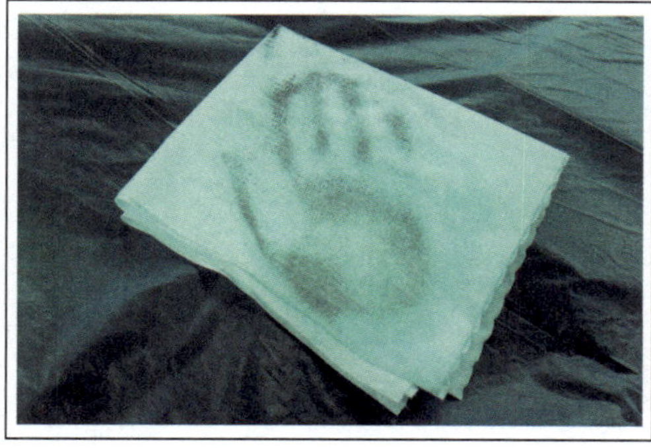

Das Honigtuch ist

Datum:
Name: Vorname: Klasse/Gruppe

9.3 Druckluft bereitstellen

1. Nennen Sie fünf ***Anwendungsgebiete von Druckluft*** im Bereich des Fahrzeuglackierers.

   Druckluft wendet der Fahrzeuglackierer an zum:
   -
   -
   -
   -
   -

2. Erklären Sie, warum folgende ***Mängel in der Druckluft*** negative Auswirkungen auf die Qualität der Lackierung haben.
   - zu viel Wasser:
   - Öl:
   - Schmutzpartikel:

3. Vervollständigen Sie den ***Aufbau einer Druckluftanlage*** zeichnerisch und weisen Sie den einzelnen Einheiten folgende Funktionen zu:
   a) Luft entfeuchten
   b) von verunreinigtem Wasser filtern
   c) Komprimierung der Luft
   d) Filtern von Öl- und Schmutzpartikeln
   e) Aufbewahren der komprimierten Luft
   f) den Druck aufrechterhalten

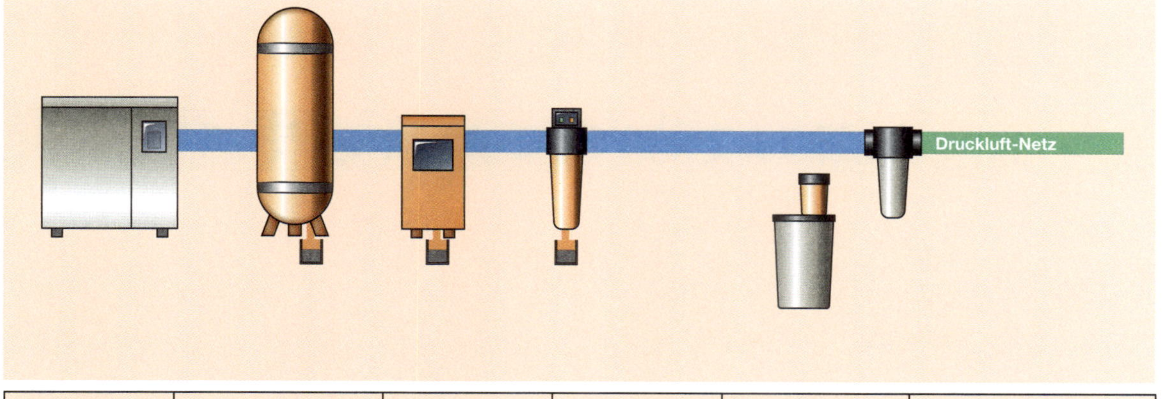

Verdichter					
c					

Datum:
Name: Vorname: Klasse/Gruppe

4. Erklären Sie die grundlegende Funktionsweise eines ***Verdichters***.

Der Verdichter

5. Erklären Sie den ***Unterschied zwischen Kolben- und Schraubenverdichter***, indem Sie folgende Tabelle vervollständigen.

Kolbenverdichter	**Schraubenverdichter**
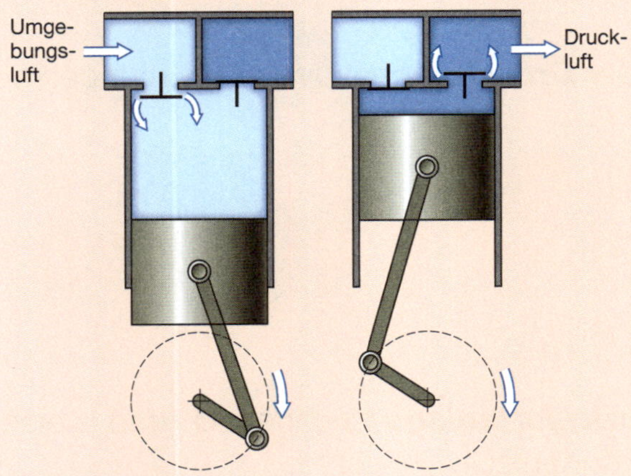 **a) Ansaugen** **b) Ausstoßen**	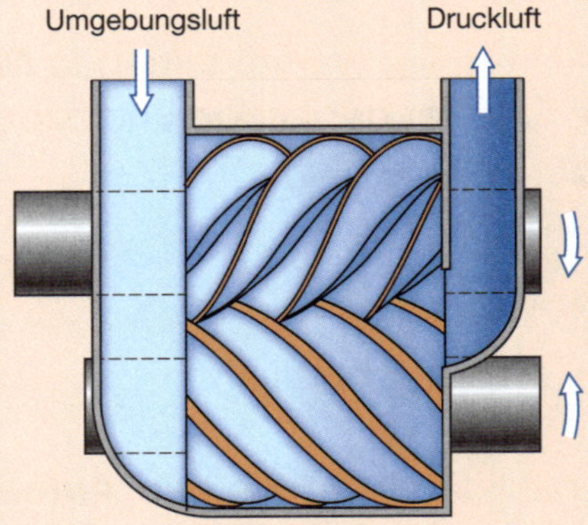
Bestandteile	
• Kolben • • • • •	• •
Funktionsweise:	
• Der Kolben bewegt sich nach unten; • Der Kolben bewegt sich nach oben; • Der Kolben bewegt sich weiter nach oben;	• • •

Datum:
Name: Vorname: Klasse/Gruppe

6. Welche Art von Verdichter (Kolben- bzw. Schraubenverdichter) werden im Bereich der Fahrzeuglackierung zur Komprimierung von Luft ***am häufigsten eingesetzt***? Begründen Sie Ihre Antwort.

   Am häufigsten wird eingesetzt:

   Begründung:

7. Beschreiben Sie ***die Aufgaben eines Druckluftvorratsbehälters***.

   Der Druckluftvorratsbehälter

   -
   -
   -

8. Erklären Sie, warum der Druckluftvorratsbehälter von ***innen beschichtet*** ist.

9. Was würde geschehen, wenn die Druckluftanlage eines Fahrzeuglackierbetriebs ***keinen Druckluftvorratsbehälter*** besitzen würde? Beschreiben Sie dieses Szenario.

10. Erklären Sie, warum die Druckluft aus dem Druckluftvorratsbehälter ***getrocknet werden muss***.

11. ***Definieren Sie*** mit eigenen Worten die folgenden Begriffe.

    Taupunkt:

    Kondensat:

Datum:
Name: Vornane: Klasse/Gruppe

12. Beschreiben Sie anhand der Skizze die Funktionsweise eines ***Kältetrockners*** und gestalten Sie diese farbig.

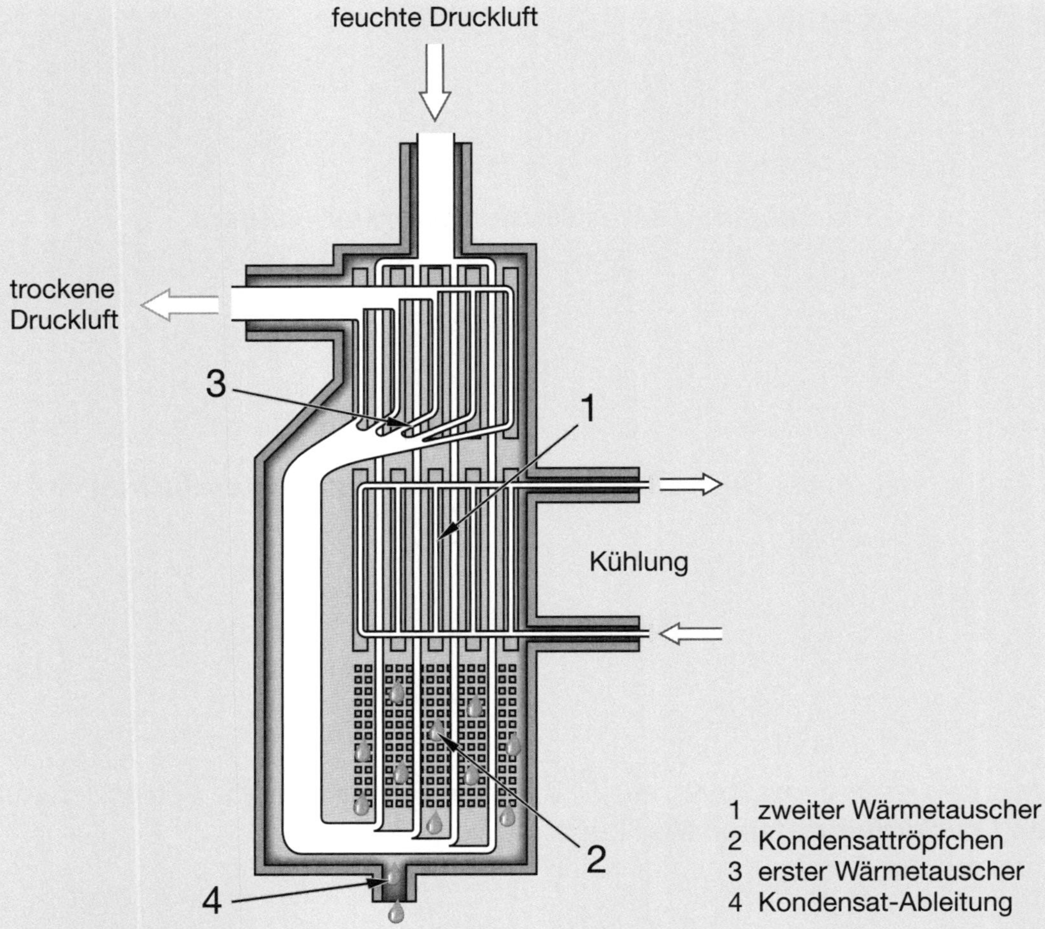

1	Feuchte Druckluft strömt in den Kältetrockner ein und • erster Wärmetauscher: • zweiter Wärmetauscher: Die Temperatur fällt nach diesem Prozess auf °C.
2	Es entsteht
3	Die getrocknete, kalte Druckluft wird
4	Die nun trockene Druckluft
5	Das Kondensat wird

13. Erklären Sie, warum die durch den Kältetrockner getrocknete Druckluft ***gefiltert*** wird.
Die getrocknete Druckluft

Datum:
Name: Vorname: Klasse/Gruppe

14. Beschriften Sie die einzelnen ***Filter der Filteranlage*** und beschreiben Sie ihre Aufgaben.

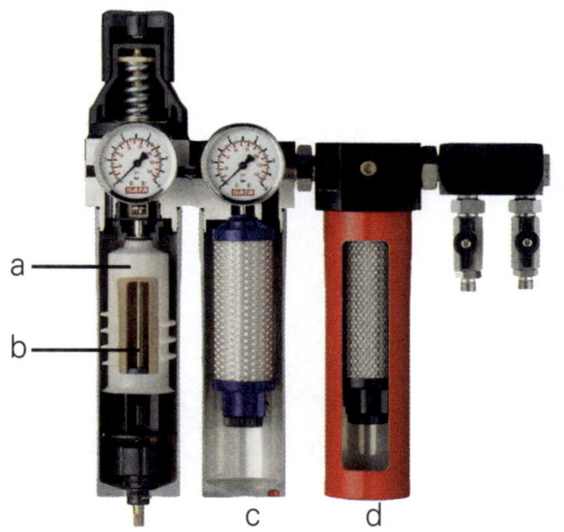

Bauteile		Aufgaben
a		
b		
c		
d		

15. Begründen Sie, warum ein ***gleichbleibender Spritzdruck*** für ein fachgerechtes Spritzbild wichtig ist.

16. Nennen Sie Bereiche einer Druckluftanlage, ***in denen Kondensat entsteht***.

Kondensat entsteht:

- im
-
-

17. Warum darf das angesammelte Kondensat ***nicht*** direkt ins Abwasser geleitet werden?

Das angesammelte Kondensat

18. Beschreiben Sie die Funktionen der folgenden Einheiten, die zur ***Aufbereitung des Kondensats*** gehören.

Einheiten	Aufgaben
Druckentlastungskammer	
Trennbehälter	
Auffang	
Öl-Auffangbehälter	
Vorfilter	
Hauptfilterkartusche	

Datum:
Name: Vorname: Klasse/Gruppe

19. Bei einem Kundenauftrag werden verschiedene Geräte $t = 9{,}5$ h lang mit Druckluft betrieben. Die Maschinen haben insgesamt einen Verbrauch von je $\dot{V} = 540$ l/min. Der Kompressor erzeugt Druckluft mit $V' = 21\,000$ l/(kW · h).
Der Preis für die elektrische Arbeit beträgt $P = 0{,}28$ €/(kW · h).
Wie hoch sind die Stromkosten K der mit Druckluft betriebenen Geräte konkret für einen Kundenauftrag, wo diese insgesamt im Einsatz sind?
Rechnen Sie in folgenden Schritten:

- Menge V der Druckluft, die für diesen Auftrag benötigt wird

Geg.: $\dot{V} = 540\ \frac{\text{l}}{\text{min}}$ Ges.: V

$t = 9{,}5\,\text{h}$

Lösung:

$V =$

- elektrische Arbeit W, die für diesen Auftrag benötigt wird

Geg.: $V = 307\,800\,\text{l}$ Ges.: W

$V' = 21\,000\ \frac{\text{l}}{\text{kW} \cdot \text{h}}$

$W =$

- Stromkosten K für diesen Auftrag

Geg.: $W = 14{,}66\ \text{kW} \cdot \text{h}$ Ges.: K

$P = 0{,}28\ \frac{€}{\text{kW} \cdot \text{h}}$

Lösung:

$K =$

Datum:
Name: Vorname: Klasse/Gruppe

20. Ihre Firma hat in diesem Jahr einen Kompressor gekauft. Den Rechnungen und dem Herstellerblatt lassen sich folgende Informationen entnehmen:

- elektrische Leistung $P = 12\,kW/h$
- Anschaffungskosten $K_{Ansch} = 9900\,€$
- Abschreibung (linear) auf $t_{Jahr} = 4$ Jahre
- jährliche Wartungskosten $K_{Wartung} = 4\,\%$ des Anschaffungswertes.

Die Laufleistung beträgt $t_{Laufl} = 975$ Std. pro Jahr; der Strompreis liegt bei $P_{Strom} = 0{,}28\,€$ pro Jahr.
Wie hoch sind die Gesamtkosten K_{ges} für die Nutzung des Kompressors für eine Stunde?

Kosten	**Berechnung**
Abschreibung A	$A = \frac{K_{Ansch}}{t_{Jahr}} = \frac{9900\,€}{4\,Jahre} = \_\_\_\_ \frac{€}{Jahr}$
Wartungskosten $K_{Wartung}$	$K_{Wartung} = 9900\,€ \cdot \_\_\_\_ = \_\_\_\_\,€$
Stromkosten K_{Strom} im Jahr	$K_{Strom} = K_{Jahr} \cdot P_{Strom} = \_\_\_\_ \frac{kW}{Jahr} \cdot 0{,}28 \frac{€}{kW} = \_\_\_\_ \frac{€}{Jahr}$ NR: $K_{Jahr} = P_{Jahr} \cdot t_{Lauf} = 12 \frac{kW}{h} \cdot 975 \frac{h}{Jahr} = \_\_\_\_ \frac{kW}{Jahr}$
Gesamtkosten K_{ges} im Jahr	$K_{ges} = A + K_{Wartung} + K_{Strom} = \_\_\_\_ \frac{€}{Jahr} + \_\_\_\_ \frac{€}{Jahr} + \_\_\_\_ \frac{€}{Jahr}$ $K_{ges} = \_\_\_\_ \frac{€}{Jahr}$
Gesamtkosten K_{ges} pro Std.	$K_{ges} = \frac{\_\_\_\_\,€}{975\,h} = \_\_\_\_ \frac{€}{h}$

21. Ein Kompressor erzeugt 3 m^3/min Druckluft. Ihr Ausbilder möchte wissen, ob dieser Kompressor ausreichend Druckluft erzeugen kann, wenn folgende Geräte täglich in Betrieb sind:

Geräte	**Druckluftverbrauch in $\frac{l}{min}$**
3 Füllerpistolen	160 · 3 = 480
2 Grundierpistolen	150 · 2 =
1 Ausblaspistole	280
1 Hochdruckspritzpistole	390
3 Atem-Vollschutzmasken	70 · 3 =
1 Schlagschrauber	320
Gesamtluftverbrauch:	

Einsatz täglich (40 %):

Luftbedarfreserve (50 %):

benötigte Druckluft:

Antwortsatz:

Datum:
Name: Vorname: Klasse/Gruppe

9.4 Karosserie lackieren

1. Erklären Sie, warum eine Spritzpistole nicht zum Lackieren mit Wasserbasislack verwendet werden darf, wenn zuvor damit Klarlack oder Unilack gespritzt wurde.
   Spritzpistolen, mit denen zuvor Klarlack oder Unilack aufgetragen wurde, werden

2. Ergänzen Sie den folgenden Merksatz bezüglich des Zusammenhangs von Luftdruck und Farbton.
   Je ______ der Luftdruck, desto heller der Farbton und je ______ der Luftdruck desto ______ der Farbton.

3. Nummerieren Sie in den Feldern der folgenden Bilder die korrekte Vorgehensweise beim Durchführen der Ganzlackierung einer Karosserie.

Datum:
Name: Vorname: Klasse/Gruppe

9.5 Karosserie nachbereiten

1. Wie beseitigt man fachgerecht Lackläufer oder Staubeinschlüsse?

   Lackeinschlüsse und Staubeinschlüsse beseitigt man durch Schleifen mit:
   -
   -
   -

2. Wo können Lackierkanten entstehen und wie lassen sich diese beseitigen?

   Lackierkanten entstehen

   Zum Beseitigen werden Lackierkanten:
   -
   -
   -
   -

Datum:
Name: Vorname: Klasse/Gruppe

9.6 Abfälle entsorgen

Ordnen Sie die verschiedenen Abfälle den korrekten Entsorgungskategorien zu.

Metalldosen	Lackschlammbehälter
Papier mit vielen Farbspritzern	Pressen und im Hausmüll enstorgen
Papier (mit wenig Farbe besprüht)	Normaler Hausmüll, Altpapier
Farbreste	An den Hersteller
Plastikbehälter	Sondermüll
Kunststofffolie	Schrotthändler

Datum:
Name: Vorname: Klasse/Gruppe

Lernfeld 10: Effektlackierung und Designlackierung

10.1 Gründe und Regeln für die Ausführung von Effekt- und Designlackierungen

Arbeiten Sie mit dem Lehrbuch „Fahrzeuglackierer" vom Verlag Handwerk und Technik, Kap. 10.1 und Kap. 10.2.

1. Erläutern Sie die ***Effekt- und Designlackierung*** und nennen Sie jeweils mindestens ***zwei Beispiele***.

Lackierung	Erläuterung	Beispiele
Effekt-lackierung		• • •
Design-lackierung		• • •

2. Nennen Sie mögliche ***Gründe für Effekt- und Designlackierungen***.

Gründe für eine Effekt- und Designlackierung sind:

- Individualisierung unserer Gesellschaft
-
-
-
-

3. Design- und Effektlackierungen ordnet man den ***Sonderlackierungen*** zu. Begründen Sie diese Einordnung.

Design- und Effektlackierungen ordnet man den Sonderlackierungen zu, weil

4. Welche ***gesetzlichen Regelungen*** müssen bei der Ausführung von Effektlackierungen beachtet werden?

Folgende gesetzliche Regelungen sind zu beachten:

-
-

Datum:
Name: Vorname: Klasse/Gruppe

5. Welche ***technischen bzw. technologischen Regeln*** sollten ***bei der Ausführung von Effektlackierung*** beachtet werden?
   - Kreuzen Sie die richtige Antwort an oder
   - schreiben Sie bei falscher Aussage die korrekte Regel auf.

Regel	Richtig	Falsch; die richtige Regel lautet:
Es sind spezielle Designpistolen zu verwenden oder gebräuchliche Spritzpistolen mit einem entsprechenden Düsensatz (optimales Spritzbild).		
Bei Eigenrezeptur ist das Masseverhältnis unerheblich, da es eine persönliche Mischung ist.		
Es ist ein einwandfreier, farbiger Untergrund vorzubereiten, Farbton siehe Herstellerangaben; Effektlacke haben oft nur geringe Deckkraft.		
Bei besonders groben Pigmenten ist ein mehrmaliges Überlackieren nicht nötig.		
Die Schichten müssen mehrfach zwischengetrocknet und geschliffen werden, die Abflüftzeiten müssen genau eingehalten werden.		

6. ***Übersetzen Sie*** die folgenden englischen Begriffe zum Thema Design- und Effektlackierung in das Deutsche.

Englisch	Deutsch
airbrush	
pearl	
double action	
custom painting	
pinstripping	
candy	

Datum:
Name: Vorname: Klasse/Gruppe

10.2 Effektlackierungen

Arbeiten Sie mit dem Lehrbuch „Fahrzeuglackierer" vom Verlag Handwerk und Technik, Kap. 10.2.

1. Ergänzen Sie das Baudiagramm, welches einen ***Überblick zu Pigmenten*** von Effektlackierungen bietet.

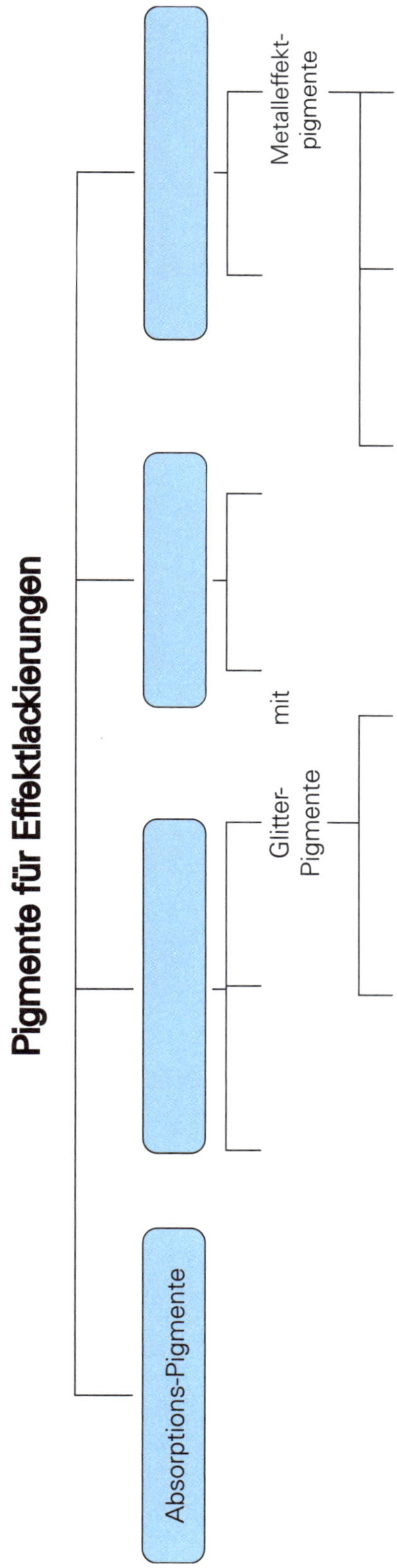

Datum:
Name: Vorname: Klasse/Gruppe

2. Bei Effektlacken werden Pigmente mit bestimmten Effekten eingesetzt. Zur Erzielung dieser Effekte macht man sich ***physikalische Effekte*** zunutze.
   a) Erläutern Sie die Begriffe Absorption und Reflexion und Interferenz.
   b) Erstellen Sie eine Skizze, die diese Phänomene verdeutlichen.
   c) Ordnen Sie den Begriffen Beispiele zu, die diese physikalischen Effekte zur Fahrzeuggestaltung nutzen.

Physikalische Effekte **Erläuterung**	**Skizze**	**Beispiele**
Absorption und Reflexion		• •
Interferenz		• • • •

3. a) Erläutern Sie den ***Effekt „Farbechtheit"***.
   Farbechtheit ist

   b) Warum ist die Farbechtheit von besonderer Bedeutung für Effektlacke?
   Die Farbechtheit ist von besonderer Bedeutung, weil

4. Nennen Sie Einsatzbereiche von ***Folien mit Leuchtpigmenten***.
   Einsatzbereiche sind:
   •
   •
   •

5. Nennen Sie besondere Regelungen für den ***Einsatz von Tagesleuchtfarben in Deutschland***.
   Tagesleuchtfarben
   •
   •
   •

Datum:
Name: Vorname: Klasse/Gruppe

6. Erklären Sie, wie ***„das Leuchten" der Leuchtpigmente*** mit Retroreflexion erreicht wird.

Das Leuchten erreicht man, weil

7. ***Finden Sie*** im „Suchsel" sieben ***Fachbegriffe*** zum Thema Effektlackierung.

N	Y	L	V	Z	N	O	M	L	F	L	D	V	P	V	X	W	W
U	F	J	B	B	M	Z	G	J	B	T	N	L	N	X	W	A	R
C	W	X	K	Y	F	A	R	B	E	C	H	T	H	E	I	T	L
L	T	D	L	U	M	I	N	E	S	Z	E	N	Z	J	Z	H	I
E	M	H	E	X	N	U	G	U	X	I	H	U	G	M	N	F	M
U	O	N	V	D	W	Y	L	S	H	W	L	R	Y	I	E	N	E
C	P	A	G	B	W	E	F	W	H	V	T	G	I	H	R	P	I
H	I	T	V	M	I	T	M	M	X	O	Y	O	J	R	E	W	W
T	B	D	X	Q	G	K	L	I	V	E	T	G	V	J	F	V	L
P	R	E	T	R	O	R	E	F	L	E	X	I	O	N	R	H	J
I	P	M	I	A	L	R	J	J	T	W	W	S	U	I	E	G	N
G	F	R	H	J	F	W	K	C	C	F	P	F	N	N	T	D	J
M	W	B	U	D	P	E	G	Y	X	M	J	G	Q	K	N	D	B
E	M	E	U	B	R	I	X	J	K	X	R	X	H	D	I	F	I
N	N	T	S	Q	S	T	T	K	E	F	F	E	P	O	L	F	K
T	M	G	H	W	N	U	L	N	Q	C	Y	I	C	V	X	N	C
E	N	N	O	I	X	E	L	F	E	R	X	B	Z	X	B	I	B
D	Q	L	F	H	N	O	F	A	T	J	B	S	V	U	Q	A	Q

Datum:

Name: Vorname: Klasse/Gruppe

10.3 Designlackierungen

Arbeiten Sie mit dem Lehrbuch „Fahrzeuglackierer“ vom Verlag Handwerk und Technik, Kap. 10.3.

1. Benennen Sie die in den Abbildungen dargestellten ***Verfahren der Designlackierung***.

chemisch verchromen		
	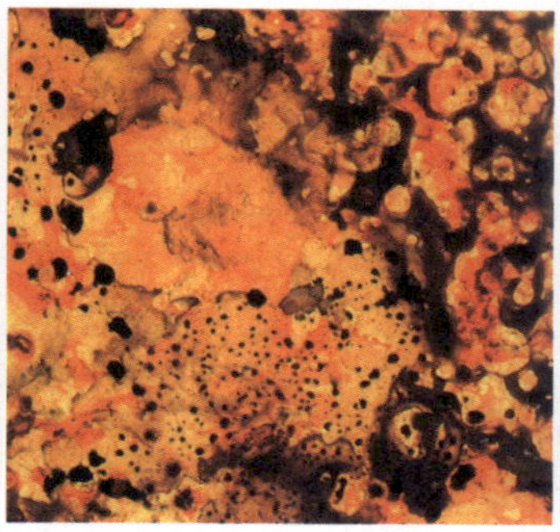	

2. Erklären sie, was man unter ***Costumpainting*** versteht.

Costumpainting heißt:

3. Welche zwei ***Ausführungsmöglichkeiten des Costumpainting*** sind in den Abbildungen dargestellt?

Datum:
Name: Vorname: Klasse/Gruppe

4. Erläutern Sie, was man unter ***Pinstriping-Lackierung*** versteht.

Beim Pinstriping werden

5. Erklären Sie die Designlackierung durch ***Wassertransferdruck***.

Bei der Wassertransferlackierung wird

6. Bringen Sie die ***Arbeitsschritte bei der Wassertransfer-Lackierung*** in die richtige Reihenfolge. Schreiben Sie dazu die Zahlen 1 bis 8 in die erste Spalte.

Reihenfolge	Arbeitsschritte
	in zwei Gängen Klarlack aufbringen
	Folie (Druckfilm) mit Zugabe zuschneiden
	das zu beschichtende Teil direkt durch den schwimmenden Dekor-Farbfilm in das Wasserbad tauchen
	das fertig beschichtete Teil von Folienrückständen mit warmem Wasser säubern und trocknen lassen
	Folie mit der Unterseite nach oben auf die Wasseroberfläche des Wassertransferdruck-Tauchbeckens legen
	Unterseite der Folie mit Aktivator besprühen
	nach Bedarf Grundierung mit Grundfarbton
	Oberfläche polieren

7. ***Vervollständigen Sie*** folgende Sätze:

- Im Wassertransferdruck-Tauchbecken sollte die Temperatur des Wassers ca. ______ betragen.
- Technisch wird dies durch ______ ermöglicht.

8. Erklären Sie die ***Aufgabe des Aktivators*** bei einer Wassertransfer-Lackierung.

Der Aktivator sorgt dafür, dass

9. Nennen Sie die ***Vorteile des Wassertransferdruckes*** gegenüber einer Effektlackierung.

Der Wassertransferdruck ist:

-
-
-

Datum:
Name: Vornamen: Klasse/Gruppe

10. Benennen Sie die abgebildeten ***Werkzeuge zum Erstellen von Designlackierungen***. Nennen Sie jeweils deren Einsatzbereich und Vorteile bzw. Besonderheiten.

Werkzeug	Benennung	Einsatzbereich	Besonderheiten Vorteile
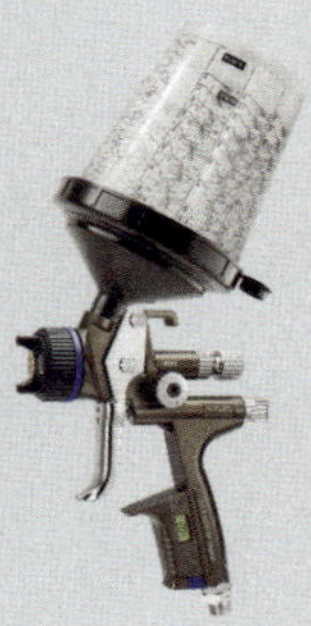			
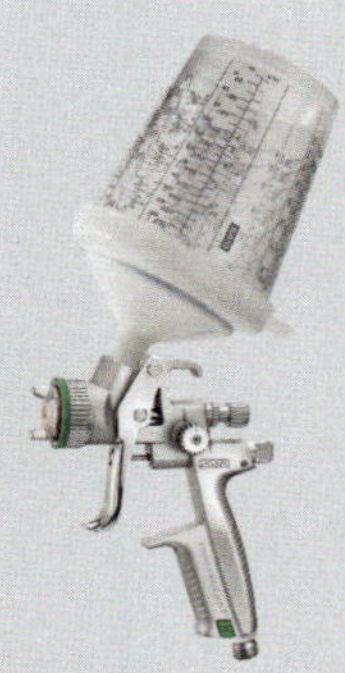			
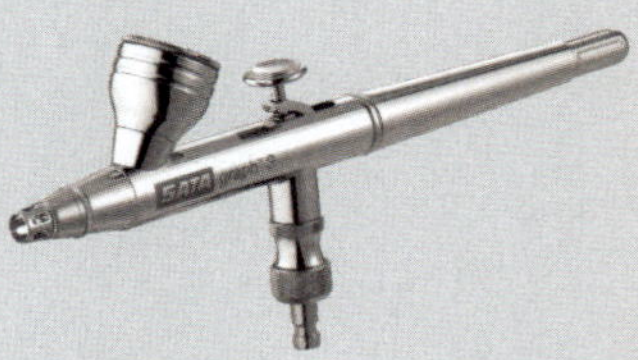			

Datum:
Name: Vorname: Klasse/Gruppe

10.4 Kundenauftrag

Ausgangssituation:

Der Inhaber eines Webhosting-Unternehmens gibt der Fahrzeuglackiererei den Auftrag, einen Lkw-Anhänger mit einer auffälligen Lackierung zu gestalten. Dabei soll das Firmenlogo auf beiden Seiten zu sehen sein. Das Logo besteht aus Farbverläufen und kleinteiligen Details. Der Kunde wünscht, dass das Logo mit einer abstrakten Gestaltung ergänzt wird, sodass die gesamte Fläche des Anhängers nahezu komplett ausgefüllt ist.

Aufgaben:

1. Der Kunde hat gemeinsam mit dem Fahrzeuglackierer entschieden, das Firmenlogo auf das Fahrzeug zu lackieren, anstatt eine Folie aufzutragen.
   Nennen Sie mindestens ***zwei Gründe***, die zu dieser Entscheidung geführt haben.

   Gründe für die Lackierung:
   -
   -
   -

2. Die Lackierung soll im Airbrush-Verfahren angewendet werden.
   Erläutern Sie dem Kunden im Zuge des Beratungsgespräches fachgerecht, was eine ***Airbrush-Lackierung*** ist und welche ***Nachteile*** diese hat?

   Bei der Airbrush-Lackierung wird

   Nachteile einer Airbrushlackierung sind:
   -
   -
   -

3. Sie legen dem Kunden einen Gestaltungs- und Farbentwurf vor. Stellen Sie sich vor, dem Kunden ***gefallen*** diese Vorschläge ***nicht***.
   Nennen Sie ***Regeln***, wie Sie sich in diesem Fall verhalten sollten.

   Regeln zum Verhalten gegenüber dem Kunden:
   - freundlich bleiben
   -
   -
   -
   -

Datum:
Name: Vorname: Klasse/Gruppe

4. Der Kunde hat den Gestaltungs- und Farbentwürfen zugestimmt, sodass die Arbeiten am Lkw-Anhänger beginnen können.
   Nennen Sie die ***vorbereitenden Maßnahmen für die Lackierarbeiten***.

   Vorbereitende Maßnahmen sind:
   - Lackierschablonen plotten
   -
   -
   -
   -
   -

5. Der Kofferaufbau des Lkws muss zunächst grundiert werden. Für die Kostenberechnung und Materialbestellung müssen zunächst die Mengen an benötigtem Material berechnet werden.
   Hinweis: Der Boden wird nicht beschichtet.

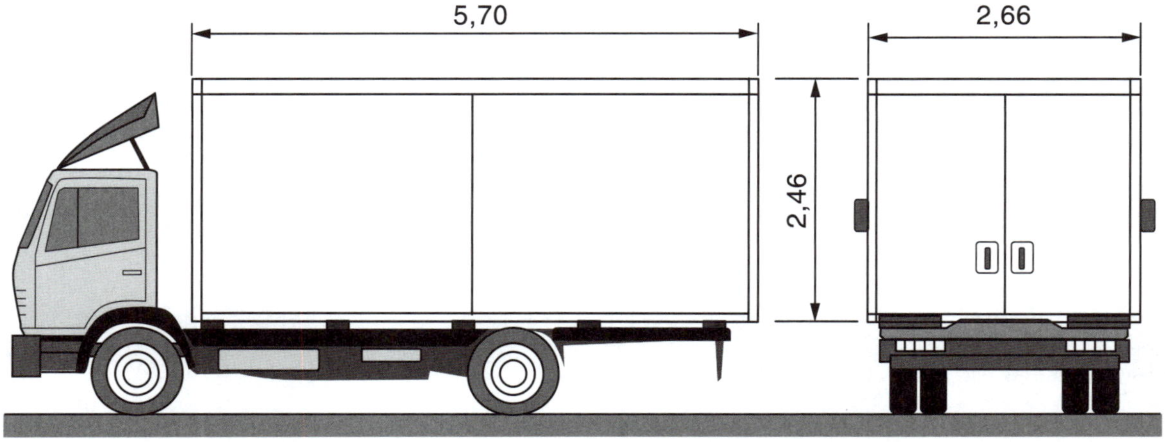

a) Für die Grundierung wird ein Materialverbrauch $MV = 185\ \text{ml/m}^2$ angesetzt. Berechnen Sie, ***wie viele Liter Grundierung*** V_{Grund} für einen Arbeitsgang benötigt werden.
Hinweis: Berechnen Sie zuerst die Beschichtungsfläche A; Abmessungen siehe Bild oben.

Geg.: $h = 2{,}46$ m — Ges.: V_{Grund}
$l = 5{,}70$ m
$b = 2{,}66$ m
$MV = 185\ \text{ml/m}^2$

Lösung:

$A =$

$V_{Grund} =$

Datum:
Name: Vorname: Klasse/Gruppe

b) Die Grundierung wird in einem Verhältnis von 4 Teilen Stammlack und 1 Teil Härter gemischt. Zur Einstellung der Verarbeitungsviskosität ist Verdünnung mit VOC = 20 Vol.-% hinzuzufügen. Berechnen Sie, ***wie viele Liter Stammlack*** V_{St}, ***Härter*** V_H ***und Verdünnung*** V_V hinzugefügt werden müssen.
Hinweis: Berechnen Sie zuerst den Anteil an Verdünnung V_V.

Geg.: $MiV = 4 : 1 : 20$ % — Ges.: V_{St}, V_H, V_V

$V_{Grund} = 10{,}5$ l

$VOC = 20$ Vol.-%

Lösung:

$V_H + V_{St} = V_{Grund} - V_V$

1 Teil V_H + 4 Teile V_{St} = 5 Teile $(V_H + V_{St}) \mathrel{\hat{=}}$ ____________

1 Teil Härter: V_H =

4 Teile Stammlack: V_{St} =

(Probe: $V_H + V_{St}$ =

c) Berechnen Sie ***die prozentualen Anteile***.

$V_{Grund} \mathrel{\hat{=}} 100$ %

$V \mathrel{\hat{=}} x$

$V_{Grund} : 100\ \% = V : x$

$V_{Grund} \cdot x = V \cdot 100$ %

x =

Härter: x =

Stammlack: x =

Verdünnung: x =

Probe:

Datum:
Name: Vorname: Klasse/Gruppe

6. Ergänzen Sie die fehlenden ***Arbeitsschritte für eine Airbrush-Lackierung***.
   1.
   2. Motiv auf eine Maskierfolie übertragen
   3.
   4. die einzelnen Farbschichten in richtiger Reihenfolge spritzen
   5. je nach Bedarf einzelne Teilflächen wieder verkleben und oder lackieren, bis die entsprechenden Farbschichten aufgetragen sind
   6.
   7.
   8. Oberflächenfinish

7. Zur Ausführung der Airbrush-Lackierung stehen Ihnen Airbrush-Pistolen zur Verfügung: Single-Action-Pistole und Double-Action-Pistole
   a) Erläutern Sie die technischen ***Unterschiede beider Pistolen***.
   Double-Action-Pistole:
   •
   •

   Single-Action-Pistole:
   •
   •

   b) Erläutern Sie die ***Vorteile einer Double-Action-Pistole*** gegenüber einer Single-Action-Pistole.

8. ***Welche Pistole*** wählen Sie aus für:
   a) feine Übergänge, Strukturen, Elemente und Lichtreflexe:

   b) kleine Flächen:

9. Nehmen Sie einen ***Vergleich von Dekor-Spritzpistolen*** gegenüber einer „normalen" Spritzpistole vor nach den Aspekten Größe und Materialmengenaufnahme (Becher).

10. Während der Applikation mit der Airbrushpistole treten folgende Probleme auf, siehe Tabelle. Nennen Sie die ***Ursachen sowie die Möglichkeiten zur Behebung dieser Fehler.***

Fehler	**Ursachen**	**Behebung**
Luft kommt aus dem Farbbecher		
feine Linien sind nicht spritzbar		

Datum:
Name: Vorname: Klasse/Gruppe

11. Der Kunde ist von der Umsetzung der Designlackierung begeistert und möchte mehr über verschiede Techniken erfahren.

Erläutern Sie dem Kunden fachgerecht ein weiteres ***Verfahren der Designlackierung – die Wassertropfentechnik***.
Erstellen Sie zur Unterstützung Ihres Gespräches einen Steckbrief mithilfe der folgenden Vorlage.

Steckbrief – Wassertropfentechnik	
Vorgehensweise	• Füller ganzflächig aufbringen und anschleifen • • • • • •
Material Werkzeuge Hilfsmittel	• • • •
Hinweise	• es ist darauf zu achten, dass •

12. Sie kommen mit dem Kunden weiter ins Gespräch, als er folgende Aussage trifft: *„Ich habe auf mein privates Fahrzeug einen Flop-Lack applizieren lassen. Ein Flop-Lack wird aufgetragen, indem man die Fläche von unterschiedlichen Seiten mit unterschiedlichen Farben annebelt."*
Beurteilen Sie die Aussage des Kunden und berichtigen Sie diese, falls es notwendig ist.
Beurteilung der Aussage des Kunden:
Die Aussage über die Funktionsweise eines Flop-Lackes ist
Begründung:

Datum:
Name: Vorname: Klasse/Gruppe

Lernfeld 11: Oberflächen aufbereiten

11.1 Bilder von Schadens- und Gebrauchsspuren

1. a) Welche ***Schadens- und Gebrauchsspurenbilder*** sind hier dargestellt?
   b) Ordnen Sie mit Pfeilen die oberen Bilder dem Karosserie-Prüfbericht unten zu. Tragen Sie notfalls ein ☒ zusätzlich in den Prüfbericht ein. Suchen Sie aus der Tabelle unten die Nummern der Fotos und schreiben Sie diese mit zu den Benennungen der Schadensbilder.

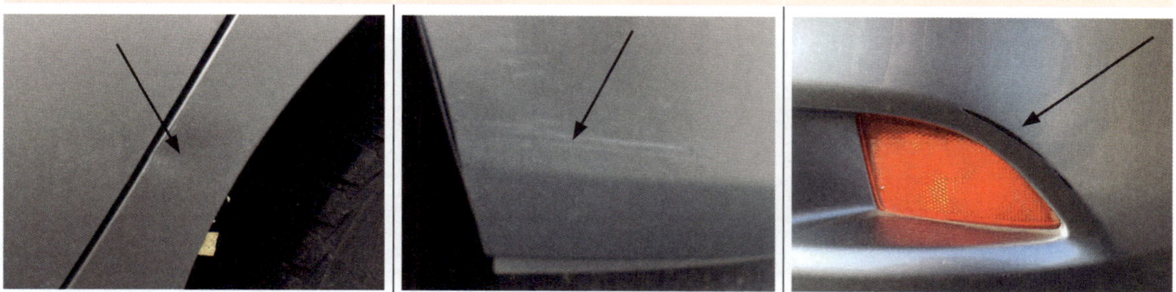

Legende: die Symbole haben folgende Bedeutung. Bei Fragen wenden Sie sich bitte an Ihren Service-Berater.

✓ Prüfergebnis: in Ordnung	Prüfergebnis: noch akzeptabel	GO Reparatur vom Kunden freigegeben.	Reparatur vom Kunden aufgeschoben
Repariert	☒ Prüfergebnis: nicht in Ordnung	Prüfpunkt übersprungen	Reparatur vom Kunden abgelehnt

Karosserie-Prüfbericht

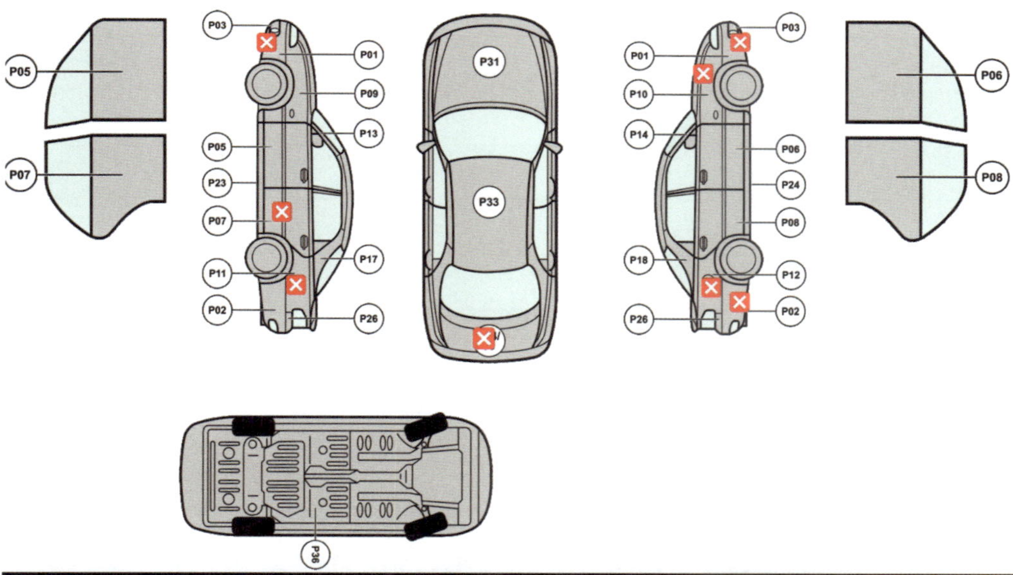

Ort	Beschädigung	Kommentare	Foto
Kofferraum	Lackbeschädigung		[1-1]
STOSSFÄNGER - VORNE	Korrosion / Perforation		[2-1]
TÜR - LI HINTEN - Außenseite	Lackbeschädigung		[3-1]
KOTFLÜGEL - LI HINTEN	Lackbeschädigung		[4-1]
STOSSFÄNGER - VORNE	Lackschäden durch äußere Einwirkung		[5-1, 5-2]
STOSSFÄNGER - HINTEN	Lackbeschädigung		[6-1]
KOTFLÜGEL - RE VORNE	Lack	Kratzer	[7-1]
KOTFLÜGEL - RE HINTEN	Lackschäden durch äußere Einwirkung		[8-1, 8-2]

Datum:
Name: Vorname: Klasse/Gruppe

2. Begutachten Sie gemeinsam das Fahrzeug eines Mitschülers und füllen Sie die Arbeitskarte aus.

Auftragnehmer

WERKSTATT AUFTRAGS-ARBEITSKARTE

Nr.:

Kunde:

Annahme-Datum

Fahrzeug-Typ

Amtl. Kennz.

Fahrgestell-Nr.

Motor-Nr.

Zul.-Datum

km-Stand

KD-Berater

Tel.-Nr. Annahme

Unverbindl. Termin Ausliefer.

lfd.-Nr.	Bezeichnung	Betrag

Der Auftrag wird unter ausdrücklicher Anerkennung der „Bedingungen für die Ausführungen von Arbeiten an Kraftfahrzeugen, Anhängern und deren Teilen und für Kostenvoranschläge" erteilt, die in der Reparaturannahme zur Einsicht ausliegen und aushängen. Bitte beachten Sie: Keine Haftung für Wageninhalt.

Die Auslieferung ersetzter Teile wird erwünscht

☐ Ja ☐ nein

Unterschrift des Kunden

Bitte Barzahlung bei Abholung

Arbeitspreis	
Ersatzteile/Zubehör	
Fremdleistungen	
Zwischensumme	
Mehrwertsteuer	
MwSt auf Altwert**)____ %	
Ag.-Schmierst. incl. USt.*)	
Gesamtbetrag	

*) Diese Lieferung erfolgt im Namen und für Rechnung der Mineralölgesellschaft.

**) Gemäß Erlass des Bundesministers der Finanzen vom 12.3.1969 müssen 10% der Austauschbruttopreise als Altwert zusätzlich versteuert werden.

Datum:

Name: Vorname: Klasse/Gruppe

11.2 Arbeiten mit dem Aufbereitungswagen

1. Welche Materialien und Werkzeuge sollte ein ***Aufbereitungswagen*** unbedingt enthalten und wofür benutzt man sie?

Material/Werkzeug	Verwendung
Putztuch blau, 2-lagig	

Datum:
Name: Vorname: Klasse/Gruppe

2. Für die meisten Reinigungsflüssigkeiten werden ***Grundrezepturen*** angegeben. Sie bestehen zumeist aus:
   a) dem Lösemittel Wasser
   b) einem chemischen Wirkstoff
   c) dem Lösevermittler, einem Tensid, der dispergierende Wirkung auf Schmutzpartikel und den Wirkstoff hat

   Eine Grundrezeptur ($\sum V_{Gr.rez.}$) lautet:
   Auf 0,5 Liter Wasser (V_1) kommen:
   - 80 ml Wirkstoff (V_2)
   - 25 ml Lösevermittler (V_3)

   Berechnen Sie den Divisor D und lösen Sie folgende Aufgabe:
   Sie benötigen von der selbst herzustellenden Reinigungsflüssigkeit $V_{Rein.fl} = 125$ ml. Wie viele ml jeder Komponente (V_{Wasser}, V_{Wirkst}, $V_{Lösev}$) müssen miteinander vermischt werden?

Geg.: $V_1 = 0{,}500$ l
$V_2 = 80$ ml
$V_3 = 25$ ml
$V_{Rein.fl} = 125$ ml

Ges.: D
V_{Wasser}, V_{Wirkst}, $V_{Lösev}$

Lösung:

$D =$

$V_{Wasser} =$

$V_{Wirkst} =$

$V_{Lösev} =$

Datum:
Name: Vorname: Klasse/Gruppe

3. Welchen ***äußeren Angriffen*** ist die Lackoberfläche von Pkws ausgesetzt?

- Witterungseinflüsse wie Niederschläge, hohe Luftfeuchtigkeit, Kälte und Sommerhitze
-
-
-
-
-
-
-
-
-
-
-
-
-

4. Zu welcher Gruppe von Lacken gehört der ***Motorschutzlack***?

Motorschutzlack gehört zur Gruppe .

5. Welche ***Aufgaben*** hat ***transparentes Schutzwachs***?

Transparentes Schutzwachs hat folgende Aufgaben:

-
-
-
-
-

6. Wozu benutzt man das ***Autoleder*** und das ***„Micro Stretch Soft"-Tuch***?

Autoleder oder Fensterleder benutzt man, um:

-
-
-

Mit einem „Mikro Stretch Soft"-Tuch kann man:

-
-
-

Datum:
Name: Vorname: Klasse/Gruppe

11.3 Oberflächen reinigen und pflegen

Arbeiten Sie mit dem Lehrbuch „Fahrzeuglackierer" vom Verlag Handwerk und Technik, Kap. 11.2.

1. Was ist der ***Vorteil von Waschanlagen***?

   In Waschanlagen wird:
   -
   -

2. ***Nennen Sie fünf Waschprogramme***, die sie in Waschanlagen durchführen können?

   Waschprogramme an Waschanlagen sind z. B.:
   - Vorwäsche/Hochdruckvorwäsche
   -
   -
   -
   -

3. ***Beschreiben Sie*** mit eigenen Worten die ***Oberwäsche von Hand***.

   Arbeitsschritte der Oberwäsche von Hand:
   - Vorwäsche
   -
   -
   -
   -

4. Nennen Sie sechs ***Bürsten- und Reinigungsaufsätze***, die man für die Hauptwäsche mit dem ***Hochdruckreiniger*** benutzt?

   Bürsten- und Reinigungsaufsätze für die Hauptwäsche mit dem Hochdruckreiniger:
   -
   -
   -
   -
   -
   -

5. Welche ***besonderen Anforderungen*** werden ***an die Waschplätze für die Motorwäsche*** gestellt?

   Waschplätze für die Motorwäsche müssen verfügen über:
   -
   -
   -

Datum:

Name: Vorname: Klasse/Gruppe

6. Wie werden ***Reifen fachgerecht gereinigt***?

Arbeitsschritte, um Reifen fachgerecht zu reinigen:

-
-
-
-
-

7. ***Welche Arbeitsmittel*** sind auf den Bildern dargestellt?

		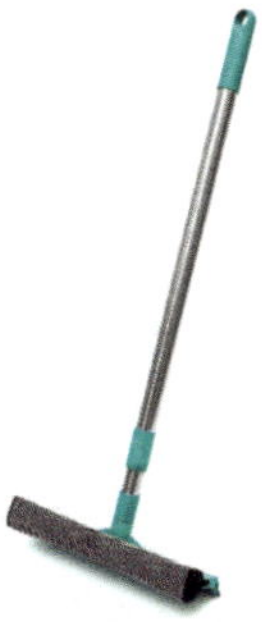

8. Was ist zu tun, ***wenn*** man ***auf einem Cabriolet-Stoffverdeck leichte Schimmel- oder Stockflecke*** zu sehen sind?

Cabriolet-Stoffverdeck von Schimmel- und Stockflecken befreien:

-
-
-

9. Wie reinigt man *ein* ***stark verschmutztes Kunststoffverdeck*** bzw. ***eine Kunststoffplane***?

Arbeitsschritte zum Reinigen eines Kunststoffverdecks bzw. einer Kunststoffplane:

-
-
-
-

10. Wie reinigt man ***Chromteile***?

Chromteile können wie folgt gereinigt werden:

-
-
-
-
-
-

Datum:
Name: Vorname: Klasse/Gruppe

11.4 Polieren, Versiegeln, Imprägnieren

Arbeiten Sie mit dem Lehrbuch „Fahrzeuglackierer" vom Verlag Handwerk und Technik, Kap. 11.3.

1. ***Welche Lackierfehler*** sind beim Finishen ***durch Polieren*** zu ***entfernen***?

   Lackierfehler, die durch Polieren entfernt werden können:
   -
   -
   -
   -
   -

2. ***Was wird erreicht***, wenn man ein Gebrauchtfahrzeug poliert?

   Beim Polieren eines Gebrauchtfahrzeugs:
   -
   -
   -
   -
   -

3. ***Wie poliert man*** den ***Lack*** eines Gebrauchtfahrzeuges ***auf***.

   Arbeitsschritte, um ein Gebrauchtfahrzeug zu polieren:
   -
   -
   -
   -
   -
   -
   -
   -
   -

4. Woraus bestehen ***moderne Polituren***?

   Moderne Polituren bestehen aus:
   -
   -
   -
   -
   -
   -

Datum:
Name: Vorname: Klasse/Gruppe

5. Eine elektrische Schleif- und Poliermaschine hat eine Leistung von $P = 600$ W. Sie wird mit Netzspannung $U = 230$ V betrieben, im Monat insgesamt $t = 2560$ Minuten.

Berechnen Sie:

a) die ***Zeit t*** in Stunden auf zwei Stellen nach dem Komma
b) die ***elektrische Stromstärke I*** in A
c) den ***elektrischen Widerstand R*** in Ω
d) den ***Energieverbrauch E*** in der angegebenen Zeit
e) die ***Energiekosten K***, wenn der Preis $Pr = 0{,}24 \frac{€}{\text{kW} \cdot \text{h}}$ beträgt

Rechnung:

Geg.: $P = 600$ W
$U = 230$ V
$t = 2560$ min
$Pr = 0{,}24 \frac{€}{\text{kW} \cdot \text{h}}$

Ges.: a) t in h
b) I
c) R
d) E
e) K

Lösung:

a) $t = 2560$ min = h

b) $I =$

Umrechnung: 1 W = V · A

c) $R =$

d) $E =$

NR: 600 W = kW

e) $K =$

6. Vergleichen Sie den elektrischen mit dem pneumatischen Schleifer/Polierer.

	Elektrischer Schleifer/Polierer	Pneumatischer Schleifer/Polierer
Kenngrößen	• • Betriebsspannung	• Betriebsdruck •
Vorteile	• • •	• • • •
Nachteile	• •	• •

Datum:
Name: Vorname: Klasse/Gruppe

7. Worin besteht der ***Unterschied*** zwischen Versiegeln, Konservieren und Imprägnieren? Ergänzen Sie die Tabelle.

Versiegeln	
	Schutz blanker Metalluntergründe, v. a. in Hohlräumen
Imprägnieren	

8. Was bedeutet Nanoversiegelung?
Nanoversiegelung nutzt ____ im Nanobereich (nm) in einer dünnen ____, damit ____ und Staubpartikel ____ auf der Oberfläche bleiben und beim Fahren abgerissen werden (abperlen)

9. Welche Anschlüsse hat eine stationäre oder schwenkbare Energieeinheit?
Anschlüsse einer stationären oder schwenkbaren Energieeinheit:
-
-
-

10. Ein pneumatischer Polierer hat einen Luftdurchsatz von $\dot{V} = 190$ l/min und wird mit einem Betriebsdruck von $p = 4$ bar betrieben. ***Berechnen Sie die elektrische Leistung*** P_{ges}, die der Kompressor für den Betrieb aufbringen muss, wenn dieser einen Wirkungsgrad $\eta = 82$ % hat. Berücksichtigen Sie einen Druckverlust in der Leitung von $\Delta p = 0{,}6$ bar, der vom Kompressor zusätzlich aufgebracht werden muss.
Hinweise:
- Berechnen Sie zuerst die elektrische Leistung P mit der Formel $P = p \cdot \dot{V}$.
- Rechnen Sie dafür die gegebenen Werte um: p in $\frac{\text{N}}{\text{m}^2}$ und $\dot{V}$ in $\frac{\text{m}^3}{\text{s}}$.

  Umrechnungsfaktoren: $1 \text{ bar} = 100\,000 \text{ Pa} = 100\,000 \frac{\text{N}}{\text{m}^2}$, $1 \text{ W} = 1 \frac{\text{N} \cdot \text{m}}{\text{s}}$
- Berechnen Sie die elektrische Leistung P_{ges} aus P und η.

Rechnung:

Geg.: $\dot{V} = 190 \frac{\text{l}}{\text{min}}$ Ges.: P_{ges}

$p = 4$ bar

$\eta = 82$ %

$\Delta p = 0{,}6$ bar

Lösung:

$P = p \cdot \dot{V}$

NR: $p =$

$\dot{V} = 190 \frac{\text{l}}{\text{min}} =$

$P =$

Der Wirkungsgrad $\eta = 82$ %;
die Poliermaschine muss also zusätzlich 18 % Leistung aufbringen:

$P_{ges} =$

Datum:
Name: Vorname: Klasse/Gruppe

11. Erklären Sie den ***Unterschied zwischen Finishen und Altlackpolierung***.

Beim Finishen geht es darum,

Beim Aufpolieren von Altlacken geht es darum,

12. Welche ***Korngrößen*** können ***Schleifblüten*** haben?

Die Korngröße von Schleifblüten kann sein:

-
-
-

13. Warum dürfen ***glänzende, nicht lackierte Kunststoffteile nicht überpoliert*** werden?

Nicht lackierte Kunststoffe dürfen nicht überpoliert werden, weil

14. Anbieter für Polituren bieten oft Poliersuspensionen an, unterschiedlich farbig gekennzeichnet, mit Zubehör als Polier-Set. Dabei werden Poliersuspensionen eingeteilt in:

- stark abrasive
- solche mit mittlerer Abrasivität
- diejenigen für Finisharbeiten
- die zum Versiegeln

Beantworten Sie nun folgende Fragen dazu:

a) Was verstehen Sie unter einer ***Suspension***?

Suspensionen sind

b) Was bedeuten die Begriffe „***stark abrasiv***" und „***mittlere Abrasivität***" und wozu brauche ich solche Suspensionen?

Stark abrasiv

Beispiel für die Verwendung:

Mittlere Abrasivität

Beispiel für die Verwendung:

c) Welche ***Korngrößen*** besitzen ***Finish-Polituren***?

Finishpolituren besitzen Korngrößen

d) Was ist ***in Versiegelungs-Polituren zusätzlich enthalten***?

Versiegelungs-Polituren enthalten zusätzlich

Datum:

Name: Vorname: Klasse/Gruppe

11.5 Unterbodenschutz und Hohlraumversiegelung

Arbeiten Sie mit dem Lehrbuch „Fahrzeuglackierer“ vom Verlag Handwerk und Technik, Kap. 11.2.1.4 und Kap. 11.3, sowie mit dem Internet oder anderen Ihnen zugänglichen Informationsquellen, z. B. mit geeigneter Fachliteratur.

1. Beschreiben Sie, wie eine ***Unterbodenwäsche*** fachmännisch durchgeführt wird.

   Die Unterbodenwäsche

2. Was ***unterscheidet*** den ***Steinschlagschutz*** vom ***Unterbodenschutz***?

   Steinschlagschutz

   Unterbodenschutz

3. Für den Unterbodenschutz werden relativ ***weiche, plastoelastische Materialien*** eingesetzt, wie Wachs, Bitumen oder Kautschuk. Begründen Sie, ***warum***?

4. Bringen Sie in Erfahrung, welche Eigenschaften die ***drei Unterbodenschutz-Materialien*** Wachs, Bitumen und Kautschuk besitzen. Vervollständigen Sie die Tabelle.

Eigenschaften	**Wachse**	**Bitumen**	**Kautschuk**
Korrosionsschutz	sehr gut		
Entdröhnung			
Abdichtung			
Schichtdicke in mm			
Kälteverhalten			
Wärmeverhalten			
Abriebfestigkeit			
Alterungsbeständigkeit			

Datum:
Name: Vorname: Klasse/Gruppe

5. Was verstehen Sie unter „***Entdröhnung***"?

Zum Entdröhnen

6. Welche ***Arbeitsmittel*** sind auf den Bildern dargestellt?

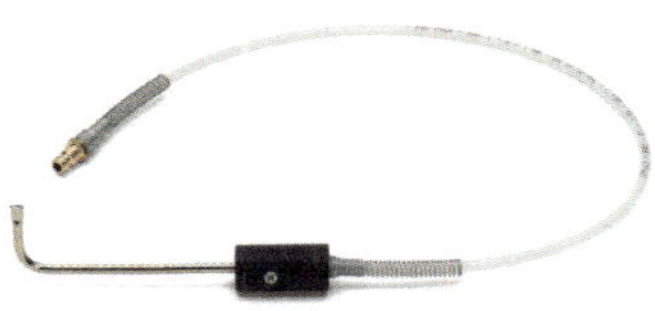		

Datum:
Name: Vorname: Klasse/Gruppe

11.6 Smart Repair und Spot-Repair

Arbeiten Sie mit dem Lehrbuch „Fahrzeuglackierer“ vom Verlag Handwerk und Technik, Kap. 11.1.

1. Erklären Sie den ***Unterschied zwischen Smart Repair und Spot-Repair***.

   Smart Repair

   Spot-Repair

2. Was bedeutet ***lackierfreies Ausbeulen***, welche ***Vorteile*** hat diese Ausbeulvariante und ***welche*** beiden ***Methoden*** werden unterschieden? Erklären Sie diese näher.

   Beim lackierfreien Ausbeulen

   Es gibt zwei Methoden:

   -
   -

3. Nennen Sie drei ***Verfahren zur Reparatur von Kunststoffteilen***.

   Kunststoffteile können repariert werden durch:

   -
   -
   -

4. Erklären Sie das ***Laminieren*** näher.

   Das Laminieren ist

   Vorgehen:

   -
   -
   -
   -
   -

Datum:
Name: Vorname: Klasse/Gruppe

5. Welche ***Materialien*** findet man ***im Fahrzeuginnenraum*** vor?
   Vervollständigen Sie die Mindmap.

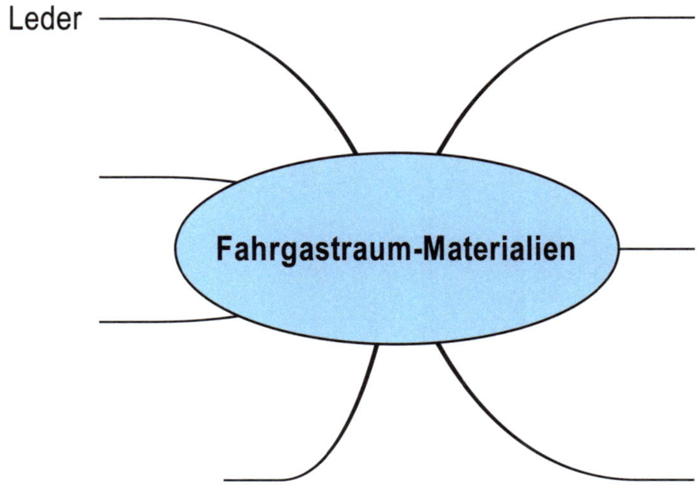

6. Nennen Sie die ***Arbeitsschritte*** zur ***Reparatur eines*** entstandenen ***Brandloches im Sitzpolster***.

Ein Brandloch im Sitzpolster kann wie folgt repariert werden:

-
-
-
-
-
-
-
-
-
-
-

Datum:
Name: Vorname: Klasse/Gruppe

11.7 Gebrauchtfahrzeug zum Wiederverkauf aufbereiten

Arbeiten Sie mit dem Lehrbuch „Fahrzeuglackierer" vom Verlag Handwerk und Technik, Kap. 11.5.3 und Kap. 11.1.4.

Der Kundenauftrag lautet:
Ein Pkw mit Stufenheck wurde von seinem Erstbesitzer sechs Jahre lang gefahren. Der Pkw hat gering dimensionierte Gebrauchsspuren, vor allem an Schweller, an den Stoßfängern sowie am hinteren Kotflügel rechts in Nähe der Kofferklappe. Er soll für einen Weiterverkauf aufbereitet werden. Dabei soll auch ein äußerer punktförmiger Glasschaden, verursacht durch Steinschlag, im Gesichtsfeld des Beifahrers mit beseitigt werden.

1. Was sind die ***Voraussetzungen für Spot-Repair***?

   Voraussetzungen für Spot-Repair:
   -
   -
   -
   -

2. Was sind ***geeignete Stellen*** für ***Spot-Repair***?

   Geeignete Stellen für Spot-Repair sind:
   -
   -
   -
   -
   -

3. Erstellen Sie am PC analog dem Vordruck auf der Rückseite des Blattes eine ***Tabelle zur Arbeitsplanung*** für folgende ungeordnete Arbeitsschritte:
   - Kunststoffteile im Innenraum pflegen
   - Absaugen von Sitzen und Belägen
   - Fahrzeug übernehmen
   - Lack reinigen
   - Reifen und Felgen reinigen/pflegen
   - Scheiben reinigen (beidseitig)
   - Fahrzeug waschen
   - Smart Repair an der Frontscheibe durchführen
   - Lack polieren
   - Spot-Repair an geeigneten Stellen ausführen

Datum:
Name: Vorname: Klasse/Gruppe

Arbeitsplanung								Datum:	
Auftragsnummer					**Zeichnungsnummer**			**Benennung** Aufbereitung eines Gebrauchtfahrzeuges und Beseitigung eines Steinschlagschadens in der Frontscheibe	**Mitarbeiter**
Arbeitsschritte								**Betriebsmittel Maschinen Werkzeuge Hilfsmittel**	**Bemerkungen Prüfmittel Einstellwerte Schutzmaßnahmen**
Lfd. Nr.	**Vorbereitung**	**Warten**	**Pflegen**	**Instandsetzen**	**Austauschen**	**Nachbearbeiten**			
1									
2									
3									
4									
5									
6									
7									
8									
9									
10									
11									

Datum:
Name: Vorname: Klasse/Gruppe

4. Beschreiben Sie die ***Einzelschritte für die Reparatur eines Glasschadens*** an der Frontscheibe.

Schritt-folge	Tätigkeiten
1	
2	
3	
4	
5	
6	
7	
8	
9	
10	
11	
12	

5. Welche ***Bedingungen*** müssen erfüllt sein, damit der Steinschlagschaden aus Aufgabe 4 ***mit Smart Repair*** repariert werden kann, und ***als Teilkaskoschaden*** anerkannt wird?

Voraussetzungen für Smart Repair an einer Frontscheibe:

-
-
-
-

6. Was ist ein Hautschutzplan? Welche Informationen können Sie diesem Plan entnehmen?

Ein Hautschutzplan

Darin sind Informationen

Datum:
Name: Vorname: Klasse/Gruppe

Lernfeld 12: Mobile Werbeträger gestalten

12.1 Mobile Werbeträger

Arbeiten Sie mit dem Lehrbuch „Fahrzeuglackierer" vom Verlag Handwerk und Technik, Kap. 12 und mit dem Tabellenbuch „Farbe – Raum (Tabellen und Fakten)" vom Verlag Handwerk und Technik, Kap. „Grundlagen des Marketings".

1. Notieren Sie in ein bis zwei Sätzen, welche ***Bedeutung Werbung*** für Sie hat.

   Werbung
   - beeinflusst mich in meinem Kaufverhalten
   -
   -
   -
   -
   -

2. Ergänzen Sie folgende ***Definition***:

   Werbung besteht aus

   Dafür werden eingesetzt:
   - Farbe
   -
   -
   -

   Werbung ist auch eine absichtsvolle,
   um sie

3. Über was soll ***Werbung informieren***?
   - Produkte
   -
   -
   -

4. Welches ***Synonym*** gibt es noch für ***Außenwerbung***?

Datum:
Name: Vorname: Klasse/Gruppe

5. Erstellen Sie eine ***Mindmap*** zum Thema: ***„Wie optimale Werbung Ihrer Meinung nach sein sollte"***. Verwenden Sie folgende Vorlage.

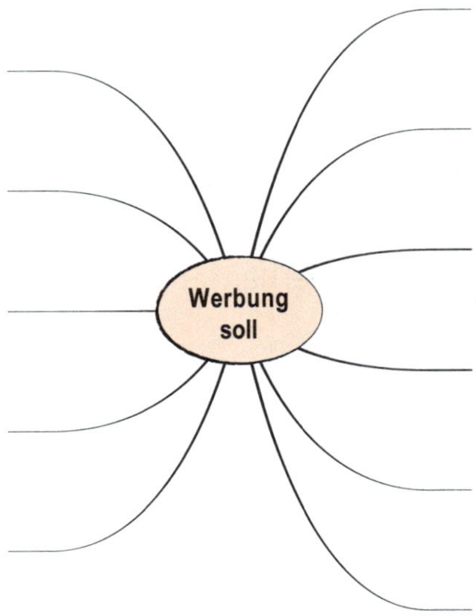

6. Einer der vier Werbegrundsätze ist die ***Werbewirksamkeit***. Für die Werbung eines Produktes ist ein guter ***Slogan*** sehr werbewirksam. Er bleibt oft nachhaltig in Erinnerung.
   Suchen Sie im ***Internet*** nach ***zehn einprägsamen Werbeslogans*** aus Zeitschrift, Radio, TV usw. für verschiedene Produkte.
   - Audi-Vorsprung durch Technik
   -
   -
   -
   -
   -
   -
   -
   -
   -

7. Wann spricht man von ***mobilen Werbeträgern***?
   Nennen Sie ***drei Beispiele für mobile Werbeträger.***
   Man spricht von mobilen Werbeträgern, wenn

   Beispiele:
   -
   -
   -

Datum:
Name: Vorname: Klasse/Gruppe

8. Erläutern sie anhand des nachfolgenden Bildes, weshalb mobile Werbeträger besonders ***gut für Werbezwecke geeignet*** sind.

Mobile Werbeträger sind besonders gut geeignet, weil sie:

-
-
-
-
-

Datum:
Name: Vorname: Klasse/Gruppe

12.2 Farben in der Werbung

Arbeiten Sie mit dem Lehrbuch „Fahrzeuglackierer" vom Verlag Handwerk und Technik, Kap. 12.2 und mit dem Tabellenbuch „Farbe – Raum (Tabellen und Fakten)" vom Verlag Handwerk und Technik, Kap. „Grundlagen der Farbenlehre" und Kap. „Grundlagen der Schriftgestaltung".

1. Die ***Farbwahrnehmung*** ist von ***drei Kriterien*** abhängig. Nennen Sie diese Kriterien und erläutern sie diese an jeweils einem Beispiel:

Kriterium	Erläuterung / Beispiel
Zusammenhang	

2. Jeder Farbe wird mindestens eine symbolische sowie psychologische Bedeutung zugeschrieben. Geben Sie für jede der nachfolgenden Farben beispielhaft jeweils ***zwei Bedeutungen*** an.

Farbe	Symbolische Bedeutung	Psychologische Bedeutung
	Schwarz:	
	Violett:	
	Grün:	
	Gelb:	
	Rot:	
	Weiß:	
	Blau:	

3. Welche Farben bzw. Farbtöne würden Sie für folgende ***Berufsbranchen*** nutzen?

Berufsbranche	Farbauswahl
Versicherung, Bank	
Garten- und Landschaftspflege	
Malerbetrieb	

Datum:

Name: Vorname: Klasse/Gruppe

4. Mobile Werbeträger sollen auffallen, deshalb kommen ***Farbkontraste*** zum Einsatz. Wiederholen Sie ihr Wissen zum Thema Farbkontraste, indem Sie die Farbfelder mit dem dazugehörigen Farbkontrast ***verbinden***.

Bezeichnung des Farbkontrastes		**Beispiele**
Farbe an sich Kontrast		
Hell-Dunkel-Kontrast		
Kalt-Warm-Kontrast		
Komplementär-Kontrast		
Qualitätskontrast-Kontrast		
Simultankontrast		

Datum:
Name: Vorname: Klasse/Gruppe

12.3 Schrift auf mobilen Werbeträgern

Arbeiten Sie mit dem Lehrbuch „Fahrzeuglackierer" vom Verlag Handwerk und Technik, Kap. 12.3.

1. Nennen Sie vier ***Regeln*** beim ***Anbringen einer Werbebotschaft*** auf einem Fahrzeug:

   Regeln beim Anbringen einer Werbebotschaft:
   -
   -
   -
   -

2. Um welche ***Werkzeuge der Schriftbearbeitung und Verfahren zur Anfertigung*** handelt es sich bei den folgenden Abbildungen?

Computer	
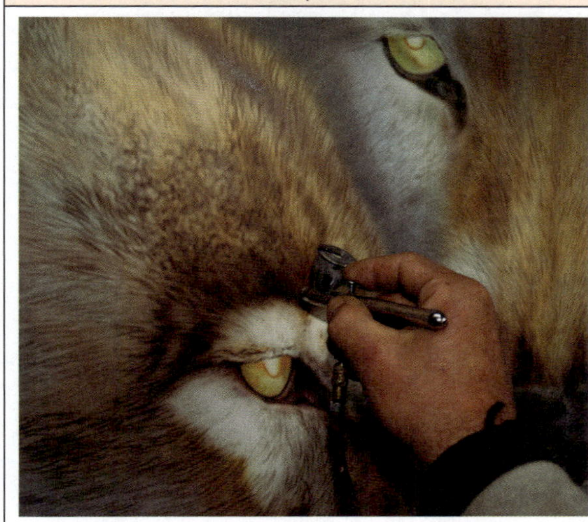	

3. Ergänzen Sie folgende ***Definition***:

   Der Kontrast eines Schriftzuges mit dem Untergrund nennt sich
   Je der Unterschied in , desto ist die Lesbarkeit.
   Der Kontrast eines Schriftzuges zum andersfarbigen
   nennt sich .

Datum:
Name: Vorname: Klasse/Gruppe

4. Welches ***Schriftbild*** wird hier abgebildet? Welche der beiden Schriftbilder lässt sich besser lesen – kreuzen Sie an.

Schriftbild	**Schriftbild**	**Schriftbild**
Name		
Besser lesen lässt sich:		

5. Weshalb sind diese **Hintergründe** für den Schriftzug **ungeeignet**?

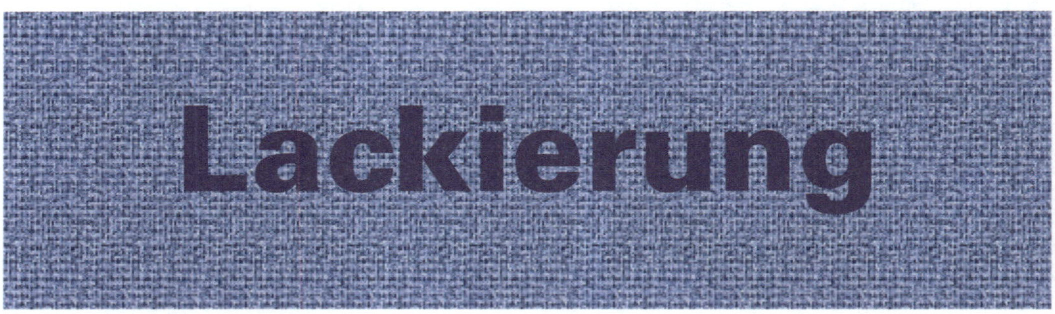

Diese Hintergründe sind ungeeignet, weil:

-
-
-

Datum:
Name: Vornamen: Klasse/Gruppe

6. Beschreiben Sie die beiden ***Schriftcharaktere***.

Schriftcharakter	SCHRIFTCHARAKTER Schriftcharakter Schriftcharakter Schriftcharakter	SCHRIFTCHARAKTER Schriftcharakter Schriftcharakter
Mögliche Beschreibung	• frech • • • • • •	• konservativ • • • • • •

7. Durch welche ***Elemente*** wird die ***subjektive Anmutung***, die Gestalt der Buchstaben beeinflusst?

Die subjektive Anmutung, die Gestalt der Buchstaben wird beeinflusst durch:

- Strichstärke
-
-
-
-

8. Buchstaben **I, H, L, F und T** mit Lineal und Bleistift in ein Rechenkästchenvraster von 1 BS (Balkenstärke) von 5 mm und einer Höhe von 6 BS ***konstruieren***. Lassen Sie zwischen den Buchstaben 1 BS Abstand.

Datum:

Name: Vorname: Klasse/Gruppe

12.4 Werbemittel und Werbeträger

Arbeiten Sie mit dem Lehrbuch „Fahrzeuglackierer" vom Verlag Handwerk und Technik, Kap. 12.4 „Werbemittel".

1. Ergänzen Sie folgende ***Definition***:
   Für jedes Werbemittel ist ein geeigneter Werbeträger nötig. Werbemittel transportieren die   von einem Anbieter zu einem
   Werbeträger verbreiten die Werbebotschaft und sind Träger des Werbemittels.

2. ***Ordnen*** Sie folgenden ***Werbemitteln*** mindestens einen ***Werbeträger zu.***

Werbemittel	Werbeträger
Plakat	
Aufschriften	
Popups	
Spots	
Werbeanzeige	

3. Werbung im TV und Radio erscheint uns oft störend. Erläutern Sie, weshalb diese ***Empfindung*** bei ***Fahrzeugwerbung*** nicht der Fall ist.
   Fahrzeugwerbung ist weniger störend, weil:
   -
   -
   -
   -

Datum:
Name: Vorname: Klasse/Gruppe

12.5 Corporate Identity

Arbeiten Sie mit dem Lehrbuch „Fahrzeuglackierer" vom Verlag Handwerk und Technik, Kap. 12.5 und Kap. 13.4 sowie das Tabellenbuch „Farbe – Raum (Tabellen und Fakten)" vom Verlag Handwerk und Technik, Kap. „Grundlagen der Kommunikation" und „Grundlagen des Schriftverkehrs".

1. Übersetzen Sie den Begriff ***„Corporate Identity"*** ins Deutsche.
   - Corporate =
   - Identity =

   Corporate Identity (CI) bedeutet dann:

2. Übersetzen Sie folgende Begriffe und erklären Sie die Unterschiede.

   Corporate Behaviour (CB):

   Corporate Communication (CC):

   Corporate Design (CD):

   Corporate Identity (CI):

3. Nennen Sie die ***Ziele*** der Corporate Identity (CI):

   CI soll:
   -
   -
   -
   -

4. Führen Sie die Mindmap auf der Rückseite des Blattes weiter, indem Sie jedem Punkt ***Empfehlungen*** für eine ***erfolgreiche Corporate Identity*** hinzufügen.
   Anmerkung:
   Sie können gern weitere Lösungsvorschläge mit eintragen.

Datum:
Name: Vorname: Klasse/Gruppe

Corporate Identity

Auftritt der Firmenleitung

- kompetent
-
-

Schriftverkehr

- Formalitäten einhalten (gem. DIN 5008 und DIN 676)
-
-

Ausführung der Leistung

- ökologisch und gesundheitlich unbedenkliche Ergebnisse
-
-

Auftritt der Mitarbeiter

- einheitliches Erscheinungsbild
-
-

Werbung

- Wiedererkennungswert
-
-
-

Umgang mit Kunden

- Blickkontakt bei Gesprächen halten
-
-
-

Umgang mit Reklamationen

- Reklamationen freundlich, höflich, sachlich entgegennehmen
-
-
-
-

Datum:
Name: Vornume: Klasse/Gruppe

5. Zu einer erfolgreichen Corporate Identity gehört auch ein eigenes ***Unternehmenszeichen bzw. Logo***, welches sich beim Kunden einprägt und somit einen ***Erinnerungswert*** besitzt.
   Dabei werden die Unternehmenszeichen in vier ***Kategorien*** unterteilt:
   - Bildmarke
   - Wortmarke
   - Zeichenmarke
   - kombinierte Marke

   Vervollständigen Sie die nachfolgende Tabelle, indem Sie die Unternehmenszeichen ***definieren*** und bekannte ***Beispiele*** aus dem allgemeinen Werbebereich und dem Kfz-Bereich angeben.

   Hinweis:
   Nutzen Sie für Ihre Recherche auch das Internet.

Unternehmens-zeichen	Erklärung	Beispiele aus verschiedenen Branchen	Beispiel aus dem Kfz-Bereich
Bildmarke		• • • • •	• • • • •
	grafisch gestalteter Firmenschriftzug eines Unternehmens; sie wird meistens in der Hausschrift und der Hausfarbe des Unternehmens gestaltet	• • • • •	• Jeep • Honda •
Zeichenmarke		• • • •	• • •
kombinierte Marke	kombiniert Bildmarke und Wortmarke in einem Logo miteinander	• • • • •	• • •

Datum:
Name: Vorname: Klasse/Gruppe

12.6 Werbegrundsätze

Arbeiten Sie mit dem Lehrbuch „Fahrzeuglackierer" vom Verlag Handwerk und Technik, Kap. 12.7.

Um eine effektive und legale Werbung zu betreiben, sollte sich an bestimmte Grundregeln gehalten werden. Dafür gibt es Werbegrundsätze – die „vier Ws", an die sich auch der Fahrzeuglackierer halten muss.

1. Nennen Sie die ***vier Werbegrundsätze***.

   Die vier Werbegrundsätze sind:

   -
   -
   -
   -

2. Nennen Sie mögliche Mittel und Instrumente, um die ***Aufmerksamkeit des Kunden*** zu erhalten.

   Die Aufmerksamkeit des Kunden kann man erhalten durch:

   -
   -
   -
   -

3. Erklären sie die ***Vorschriften***, welche das Gesetz gegen den unlauteren Wettbewerb ***„UWG"*** aufstellt:

   Vorschriften gegen den unlauteren Wettbewerb:

   -
   -
   -
   -

4. Welche Gefahren bestehen bei Werbeslogans in englischer Sprache?

   Gefahren bei Werbeslogans in englischer Sprache sind:

   -
   -
   -

5. Kreuzen Sie die richtige Aussage an.

   - ☐ Die Kosten der Werbung müssen in einem vernünftigen Verhältnis zum Werbeerfolg stehen.
   - ☐ Für geplante Werbemaßnahmen sollte man keine Kosten und Mühen sparen.
   - ☐ Es sollten immer die preisgünstigsten Werbemaßnahmen ausgewählt werden.

Datum:
Name: Vorname: Klasse/Gruppe

12.7 Kundenauftrag für die Gestaltung eines mobilen Werbeträgers

Ihre Firma wird beauftragt, für das neu eröffnete Autohaus „Peters" einen mobilen Werbeträger zu gestalten. Der Firmeninhaber bittet Sie, dafür ein Logo mit hohem Wiedererkennungswert zu entwickeln. Zusätzlich wünscht der Kunde, dass Sie sich Gedanken über ein mögliches Corporate-Identity-Konzept machen. Er lässt Ihnen bei der Gestaltung freie Hand, möchte aber über die Gestaltungsfortschritte auf dem Laufenden gehalten werden.

Auszuführende Arbeiten sind:

- einen zweckmäßigen mobilen Werbeträger auswählen
- Werbebotschaft entwickeln
- einen geeigneten Farbton auswählen
- ein Firmenlogo entwickeln
- eine passende Schriftart auswählen
- eine Corporate-Identity-Maßnahme entwickeln

1. Ihr Kunde, Herr Peters, möchte seine Werbebotschaft auf einen Werbeträger aufbringen lassen. Leider wirft er die Begriffe Werbeträger, Werbemittel und Werbeelemente ständig durcheinander. Erklären Sie Herrn Peters die Unterschiede zwischen den drei Begriffen. Verwenden Sie dafür folgende Übersicht.

Werbemittel und **Werbeträger**

Werbemittel	Werbeträger
= Werbebotschaften, die durch verschiedene Werbeträger an den Kunden übermittelt werden.	= sie verbreiten die Werbebotschaft und sind Träger des Werbemittels - alles was benutzt wird um Werbung an den Kunden zu bringen
z. B. Werbeanzeige • Spots • Plakate • Pop-ups • Aufschriften	z. B. Zeitschrift • Radio, TV • Plakatwand, Litfaßsäule • Internet • Kugelschreiber

Werbemittel sind

Werbeträger sind

Werbeelemente sind

Datum:
Name: Vorname: Klasse/Gruppe

2. Herr Peters würde gerne einen auffälligen Werbeträger nutzen. Er möchte ein Plakat oder eine Litfaßsäule in der Nähe seiner Firma mieten. Sie raten ihm ab, indem Sie ihm ein reales Auto empfehlen.
Um Ihren Kunden von einem mobilen Werbeträger in Form eines Firmenfahrzeugs zu überzeugen, sollten Sie ihm die Vorteile der Fahrzeugwerbung erläutern.

Vorteile der Fahrzeugwerbung:
-
-
-
-
-
-
-

3. Entwickeln Sie eine Werbebotschaft (Slogan) und begründen Sie kurz Ihre Auswahl.

4. Gemeinsam mit Ihren Mitarbeitern und Ihrem Chef haben Sie sich für ein weißes Auto als Werbeträger entschieden. Begründen Sie diese Entscheidung überzeugend.

Weiß als Farbton ist gut geeignet, weil:
-
-
-

5. Wählen Sie am PC eine passende Schriftart für ihre Werbebotschaft aus und fügen Sie diese in den Entwurf ein.

Datum:
Name: Vorname: Klasse/Gruppe

6. Herr Peters hat sich bislang keine Gedanken über ein Firmenlogo gemacht. Im Zuge eines erfolgreichen Werbeauftritts sieht er die Notwendigkeit eines unverwechselbaren Erscheinungsbildes.
   Entwerfen Sie ein Logo für das Autohaus und positionieren Sie das entworfene Logo und den Schriftzug auf dem Werbeträger. Nutzen Sie für Ihre Entwürfe die Vorlagen auf den folgenden Seiten.

   Präsentieren Sie dem Kunden Ihren Vorschlag.
   Gehen Sie schrittweise vor:

   - Sammeln Sie Ideen/Skizzen und Motive, welche Sie für Ihr Logo verwenden möchten.
   - Stilisieren Sie ihre Favoriten soweit wie möglich, damit sie für ein Logo geeignet sind.
   - Erstellen Sie ein fertiges Logo.
   - Entwickeln Sie ein Farbkonzept für dieses Logo.
   - Ordnen Sie das fertige Logo auf der Vorlage des Mini an.

Datum:
Name: Vorname: Klasse/Gruppe

Datum:
Name: Vorname: Klasse/Gruppe

Datum:
Name: Vorname: Klasse/Gruppe

Datum:

Name: Vorname: Klasse/Gruppe